毛志锋 等·著

居住区生态文明建设的
评估与对策

JUZHUQU SHENGTAI WENMING JIANSHE DE
PINGGU YU DUICE

U0334019

吉林出版集团股份有限公司

图书在版编目（CIP）数据

居住区生态文明建设的评估与对策／毛志锋等著

. -- 长春：吉林出版集团股份有限公司，2015.12（2024.1重印）

ISBN 978 - 7 - 5534 - 9810 - 2

Ⅰ. ①居… Ⅱ. ①毛… Ⅲ. ①居住区－生态环境建设
－研究 Ⅳ. ①X321

中国版本图书馆 CIP 数据核字（2016）第 006815 号

居住区生态文明建设的评估与对策

JUZHUQU SHENGTAI WENMING JIANSHE DE PINGGU YU DUICE

著　　者：毛志锋　等

责任编辑：杨晓天　张兆金

封面设计：韩枫工作室

出　　版：吉林出版集团股份有限公司

发　　行：吉林出版集团社科图书有限公司

电　　话：0431 - 86012746

印　　刷：三河市佳星印装有限公司

开　　本：710mm×1000mm　　1/16

字　　数：213 千字

印　　张：12.25

版　　次：2016 年 4 月第 1 版

印　　次：2024 年 1 月第 2 次印刷

书　　号：ISBN 978 - 7 - 5534 - 9810 - 2

定　　价：56.00 元

目　录

第1章 居住区生态文明的内涵与特征探索

生活居所的变迁既烙印着人类社会发展的足迹，亦彰显着科技进步和自然资源与环境的承付能力。人类社会不同发展阶段的文明形态既支配着生活居所的建设，亦映像着人类与自然矛盾对立之统一。

意欲构建生态文明型居住区，则需要剖析生态文明的内涵要求和其建设特征，而这些又离不开从人类社会文明形态演化过程中汲取营养和教训，以勾勒出生态文明住区建设的蓝图。

1.1 人类文明与生活居住的演化轨迹

《易·系辞》曰："上古穴居而野处。"在社会生产力水平极端低下的蒙昧时期，天然洞穴因其坚固、隐蔽和可直接利用而成为人类最宜居住的"家"。从早期人类的北京周口店、山顶洞穴居遗址开始，原始人居住天然岩洞在我国的辽宁、贵州、广州、湖北、江西、江苏、浙江等地均有发展。可见穴居是当时的主要居住方式，它满足了原始人对生存的最基本要求。随着生产力的发展，人类社会逐渐由狩猎文明过渡到农业文明。大约在1万年前，人类开始大规模的农业定居，房屋替代洞穴成为新的居住场所。此后，人类社会依次经历了农业文明和工业文明时期，目前正处于向生态文明的过渡期，而居住的房屋形态、材料元素和功能效应也随之演进，呈现出下列比较明显的发展脉络。

第一，农业文明与木石房屋。人类的农业文明时期大约从公元前9000年至工业革命爆发前夕。在这一漫长的历史阶段，人类基本上是为了生存而与天斗，以图摆脱饿殍的困扰；与人斗，以获得生存所需的基本物质资料。因此，农业文明的本质是生存文明，古代文化则是反映人类依附自然生存的文化，社会生产关系的变革和生产方式的改进也首先为了满足人类的生存需要[1]。在这一阶段，房屋最主要的功能是为人类提供遮风避雨的栖息之所，以提高人类在自然界中的生存能力。人类选用泥沙、石材和木材作为房屋的主要建筑材料，因为这些材料在自然界中容易获取和加工。房屋建造对环境造成的污染甚少、对生态的损害较轻，加之污染物容易被消纳，因而难以危及生态环境的安全运行。由于人口稀少，土地资源丰富，房屋在建造中无须过多考虑节地因素，加之当时技术水平的限制，居住区一般都在平面铺开，高层建筑鲜见。此外，囿于较低的建筑设计和建造水平，房屋附属功能薄弱，居住舒适度普遍不理想。

第二，工业文明与钢铁房屋。工业革命的勃兴，使人类从利用自然、改造自然异化为对抗自然、征服自然之态势。发展的内在动因，已从人类的基本生存需求转变为生存条件不断改善和物质生活水平的持续提高。从工业革命兴起到 20 世纪中后叶，社会物质财富空前增加，生产资本功能极大拓展，人力资本迅速积累，人类对自然资源的利用强度和能力极大增强，对自然灾害和社会风险的抵御能力有了较大的提高，人类的物质生活水平亦发生了质的飞跃。[2]房屋作为人类庇护者的角色亦开始转变，逐渐成为服务工具和消费、奢侈品存在于人类社会之中。因人口规模持续膨胀导致人地矛盾加剧，人类开始向高空争取生存空间。钢铁作为人类从自然界获取的次生产品，开始被广泛应用于房屋建造过程之中，各种钢结构和钢筋混凝土墙体大楼拔地而起。为了满足自身的舒适居住，人类大量地开采石油、天然气、矿石资源和攫取、滥用淡水、木材等自然资源用于房屋建造及装饰室内外环境。这些资源的开采和利用过程，对自然生态和环境造成了难以恢复的损害和污染。高大的建筑体量和标准化的内部空间作为这一时期建筑的显著特征，使得人类的居所被深深地烙上了工业革命的印记，这种工业美学光鲜的背后埋藏下了资源不可持续利用和自然生态不可持续支撑的隐患。

第三，生态文明与生态住区。人类社会经过工业文明的迅猛发展，由最初的依附于自然而变成了自然的征服者。对于新文明时代的演进方向，未来学家们从不同的角度进行了研究，发表了大量的研究成果，如"后工业社会"说（丹尼尔·贝尔）、"信息社会"说（约翰·奈斯比特）和"第三次浪潮"说（阿尔温·托夫勒）等。然而，以上提法都只反映了未来人类社会某些方面的新特征，只有"生态文明"一词才能体现其本质要求和本质特征。[3]

所谓生态文明，是指人类在认识、尊重生命和非生命物质的自然现象和演绎规律的基础上，合理利用自然资源和改善环境条件，尽力维系由生命和非生命物质耦合而成的生态系统的自组织机制；有序调控人与自然、人与人之间的相依关系，进而实现生态系统良性循环和人类社会可持续发展之社会进步形态。因此，生态文明不是一种局部的社会经济发展或自然环境优良现象，而是相对于农业文明和工业文明的一种社会经济与生态环境协同有序演化形态。它是人类文明形态的又一次重大飞跃，是比工业文明更进步、更高级的新人类文明形态。其本质要求是在继承人类文化遗产和物质财富的基础上，通过数量控制和素质提高的人口生育文明，以减轻生态环境的自然负载和保障社会经济的高效、和谐发展；通过改变生产、生活方式和借助科技进步促使下的物质文明，以实现人与自然的和谐相依；通过倡导和建设环境文明，使自然资源得以永续利用，并不断增强环境消纳、调节功能，以保障人类社会的可持续发展。在这一阶段，人类居所慢慢地摆脱仅仅是居住工具的角色，开始成为人与自然相融相通的桥梁。

生态文明居所的显著特点是能源与其他资源的节约和循环利用、环境场所的空气清新和质量保障，以及建筑设计规划与自然、人文环境的完美融合。因此，居住区的整体规划布局和单体建筑设计均须遵循人与自然、人与人和谐的理念，以保障生活其中的居民既能感受到现代物质文明带来的便利舒适，亦能亲近绿色、感悟自然。其次，房屋建造选择环境友好的材料和技术，以尽量减少其全生命周期内对环境的污染和损害，且能够最大限度地节约资源和能源。再则，居民的生活消费和住区管理亦应遵循物质文明和环境文明的行为准则，以保障居住区内生态文明建设的持续发展。[4]需要指出的是，坊间流行的"生态住宅"则着眼于建筑设计、建设过程中的节能、节地、节水、节材和环保，而"生态文明住区"除了上述"四节一环保"外，居民生活消费中的节约与环保、居民之间的和睦相处、人文生活的丰富、管理和民主等方面的精神文明建设亦隶属其内容。

人类居住文明的演进源于多种驱动力的共同作用，归纳起来主要有以下几点。首先，随着社会生产力的发展，人类对自然的驾驭能力日渐增强，能够向自然界索取的生产和生活资料愈益多元化。农业文明时代人类力量尚弱，能够开发利用的自然资源不多，只能选用最常见且容易加工的木材、泥土和石材来建造自己的居所。在工业文明时代，人类开发利用自然资源的技术水平显著提高，钢铁、石油等矿物性资源产品迅速涌入社会生产和生活中，各种经过一次加工或多次加工的产成品成为这一时期的主要建筑材料。发展至生态文明阶段，人们逐渐认识到与自然和谐共存才是可持续的发展之道，因此，人们在从自然界中获取资源的同时已开始注重对自然的补偿。于是，各种环保材料和有助于节水、节能、节材等替代性资源或产品的广泛应用成为这一时期建筑的重要特征。

其次,对于更高生活品质的追求,促使人们不断开发新技术来提升居住质量。农耕时期,由于建筑技术和材料的限制,人类只能建造低矮且舒适度差的房屋。工业革命之后,伴随建筑设计、建造和建材技术水平的进步,不仅使得房屋结构更趋合理,也增加和完善了许多附属功能,如房屋通风、采光条件的改善,供水、供暖及供气系统的完备等。进入生态文明时代,囿于资源的日趋短缺和环境污染的加剧,以及人们愈加注重精神追求、渴望接近大自然和向往返璞归真的田园般的生活,因此房屋设计、建造、建材更注重节能环保技术的开发利用,居住区的规划设计和景观建设亦更加关注与自然的融合。

最后,资源的有限性是促使人类文明和居住房屋转型的最终诱因。工业革命之前,由于人口稀少,资源相对丰富,加之房屋建造所需材料简单,因而土地、建材和淡水等资源不曾对人类生存构成威胁。工业革命初期,人们从自然界中虽然掠夺了大量的资源,并向其排放废物,但由于人口总量不大,自然资源和环境容量仍相对丰富,人类依然可按照自己的意愿和能力发展生产、建造居所。而至工业革命后期,人口规模加速膨胀,人们向自然界排放的废物也越来越多和难以降解;工农业生产和建筑建材的粗放式发展带来的资源短缺和环境污染恶果逐步彰显。人类被迫反思种种现象背后的原因,终于意识到必须转变生产发展和生活消费模式,改善人与自然的关系。[5]于是,资源节约和环境保护成为新时期人们追求的重要目标,房屋的设计、建造和装饰也开始力求减少资源消耗和污染物排放,生态型房屋和生态文明社区作为人类居所演变的新方向登上了历史大舞台。

1.2 居住区生态文明的基本内涵与特征

1.2.1 居住区生态文明的基本内涵

生态文明是人类社会可持续发展阶段的基本特征,其内容和表现形态反映在社会生活的方方面面,而社会的各组成部分亦应以自身的行为或形态来彰显整个社会生态文明的本质,促进人类生态文明之建设。作为人类的栖息之所和社会经济的重要组成部分,居住区的生态文明建设同样须肩负时代的历史职责，弘扬生态文明的本质特征，以促协人类社会的可持续发展。

饱尝了工业文明时代掠夺式开发所造成的恶果，人类开始反思现行发展模式的弊端，并努力探求新的发展道路。于是，可持续发展作为新时期人类社会的行动纲领便应运而生。其内涵旨在改变人类社会生产和生活的方式，在促进物质生产和保障人们生活水平提高的同时，尽力节约和有效利用自然资源，减少污染物的排放和降低自然灾害的侵袭，以保障生态环境的安全和可持续支持；调整社会劳动参与和利益分配机制，加强社会民主、法制和管理体系建设，大力促进文教卫和社会保障等公共服务事业的健康发展，以丰富人们的精神文明追求。显然，可持续发展时代的生态文明，应体现于物质文明、精神文明和环境文明的不同追求和综合协同。资源的可持续利用，环境的可持续支持，社会的可持续演化，既是生态文明的本质特征，又是构建起整个人类社会生态文明体系的基础和源泉。[6]

居住区是人类社会的一个重要组成部分，它不仅以人们日常生活、居住、游憩的场所映像社会发展的文明状态，而且其建筑设计、建造过程和管理体系的建设关联到经济的发展和生态环境的变迁。作为社会生活、经济支撑和生态环境保障的基本平台，居住区具有以下几个重要的发展特点和趋势要求：

第一，居住区是人工建造且与自然耦合的产物。居住区是依据目标地的地质地貌基础和周边经济、社会以及自然环境条件，通过系统的规划和设计，并运用各种建筑材料按照人们的消费追求和预期设想加工建造出来的人工物体和人与自然耦合的空间聚落，因此自然物的人工化和人工物的自然化应是其健康发展的基本特点和要求。[7]

第二，居住区是多种需求和功能于一体的综合有机系统。一个大规模的住宅社区不仅须满足不同收入群体、不同龄级人口的基本居住需要，还应满足居民的生活购物、休闲娱乐、医护保障、文化教育和环境、景观享受等方面的需求。因此，不同层次和风格住宅单元的建设，不同服务功能建筑群和道路、停车场、景观小区的合理配置，以及住区内外生态环境和社会安全的保障，均是住区规划、建筑设计、建设过程有待科学统筹和社会、经济与环境效益合理兼顾的复杂议题。[8]

第三，居住区生态文明的建设是历史发展的必然。尽管满足人们居住条件改善的物质消费追求是居住区建设的基本功能，然而伴随人口规模的膨胀、自然资源的日益短缺、环境状况的恶化及非物质享受的增强，节约资源和环境保护及精神文明的追求愈益成为居住区规划、建筑设计和建设过程及管理的主题和时代特征。

基于上述发展特点和趋势剖析，居住区生态文明的内涵可细分为物质文明、环境文明和精神文明。

首先是物质文明，即以科技为支撑、以资源节约为本征的物质消费进步。土地、能源、建材资源的有限和稀缺性以及水资源短缺危机的加剧，加之人口膨胀和生活消费总量的剧增，迫使居住区内人工建筑和生活方面的物质消耗必须以资源节约和适度消费为轴心，[9]采取各种技术、制度措施，在住区规划、建筑和景观设计、建造过程和基本生活消费需求，以及中水、雨水和废弃物回收循环利用等方面，尽力节能、节水、节地和节材，以保障人类社会的可持续发展。[10]

其次是环境文明，即以合理负荷和自然享受为本征的环境安全保障与质量提升。生态文明住区强调以现有自然环境为依托，将人工建筑安置于其中，尽可能减少对原生环境的改变和破坏；要求以资源节约和适度消费为先导，在清洁能源利用、污水处理设施和管道设计、垃圾回收处理、建筑空间布局和建造、装饰过程及居民日常生活方面，须采用多种技术、管理措施综合治理，以实现废水、废气、废物的减排和通风、透光、无污染、无害化处理；需要通过绿色植被、屏蔽设施的建设和管理措施的加强，以保障气环境、声环境的优良和景观优美。[11]

最后是精神文明。当代居住区的建设应满足人们居住、生活和身心发展的需求，其设计和建造必须体现以人为本的理念，即以人的高品质生活和精神追求为重要出发点。完善的服务系统和配套设施可提供居民以全方位的生活享受及身心健康，是居住区精神文明的重要体现。具体而言，精神文明建设应包含文体教育、商业设施、医疗卫生、通讯通邮、社区服务、安全保障、人文景观、居民和谐等内容，需要在住区规划、建筑设计、制度和管理诸方面予以彰显。

上述物质文明、环境文明和精神文明是居住区生态文明的有机组成部分，三者之间相辅相成、相互促协。物质文明是环境文明和精神文明的前提与基础。其不仅以节能、节水、节材、节地等目标需求为创建一个良好的生态型社区和环境文明提供了有利的平台及条件，亦为保障居住舒适和有助居民身心健康提供了宜居的硬件基础。环境文明是物质文明和精神文明的动力与保障。即需要以其良好的水环境、气环境、声环境、景观绿化和固废处理系统，促使住区节水、节能等设施或措施的有效运转，亦为居民的精神健康提供了洁净、静谧的休闲和养生场所保障。精神文明有助于促进物质文明和环境文明的充分发挥。作为生态文明住区的居民，精神生活的追求、道德风尚的提升有助于建树较强的可持续发展理念和自觉维护环境的主人翁意识，积极地推进各种节约资源和保护环境举措的实施。因此，这三种文明构成了居住区生态文明的完整体系，共同促进和保障生态文明住区建设目标的实现和维系。

1.2.2　居住区生态文明的基本特征

通过对人类居住演化脉络的勾勒和居住区生态文明内涵的解读，可以归纳出居住区生态文明建设的基本特征。

（1）以"天人合一""和谐发展"为核心价值观，指导居住区的生态文明建设。"天人合一"是中国古代社会实践和古典哲学探索的一个重要命题。古人讲"天人合一"，首先强调"人生天地间"，即人是天地境域之中的一分子。而天地又以自己固有的规律运行着，这个规律就是"天道"。道既有常，主宰天地，作为天地间一物的人自然应遵从天道，顺应时势。在这种天人和谐相生观念的指导下，古人派生出尊重、顺应自然规律和维持生态平衡的卓越理念。"天人合一"的理念归根到底是培养和塑造人类的一种生存观、一种可持续发展的认同感。[12]这种理念亦引申出了"和谐发展"的指导思想，不仅要求人与自然间的和谐，也要求人与人之间的和谐；不仅要求生产方式的和谐，也要求生活方式的和谐。[13]居住区作为人们生活的集聚空间，其建设和运作务须应以"天人合一、和谐发展"的价值观为指导，使得居住区的生态文明能够契合、引领整个社会文明的发展，成为人类社会生态文明的先行者。

（2）以合理的住区规划、建筑设计和节资减排、环境友好技术的广泛应用为突出特点，凸显居住区物质文明和环境文明之建设。居住区的物质文明和环境文明是整个生态文明体系的硬件基础，对其的完美实现是一项浩大而繁杂的系统工程。如果将居住区视为一个有机关联的系统，其整体和分项功能能否良好实现则取决于各组分的结构是否合理及与周边环境可否协调。因此，依据功能要求和外部环境条件需要对居住区进行合理、详尽的规划和建筑设计，且须大力引进和广泛应用各项节资减排和环境友好技术，以保障居住区物质文明和环境文明措施的实施，使得居住区尽显现代文明的生态理念。

（3）以丰富而具地方特色的文化元素和完善的文教卫配置及管理体系，彰显居住区精神文明的建设。居住区生态文明不仅要有优良的硬件配置，更要有完善的软件体系；不仅要满足居民居住功能的初级需要，更要满足居民高品质生活和全面发展的高级需求；不仅需要引入先进的文化理念装备硬件和丰富人们的生活，亦需要体现当地特有的文化元素和民俗风情。因此，居住区的生态文明建设应包含健全的文教卫配置及管理体系，并将地方特色的文化元素寓于建筑设计和景观建设之中，从而满足居民的精神追求与和谐社区的建设。

（4）大力倡导健康、节约的消费方式和环境保护意识的自觉自律，将可持续发展理念内化于居民日常生活之中。居住区的生态文明具有多层次的内涵，不仅体现在建筑规划和设计中，也要求居民以自己的生活方式践行。在日常生活和消费中，居民应奉行适度的物质消费理念和尽量选择绿色的消费方式，以减少自然资源的过度消耗和污染物的大量排放；需要在追求生活舒适的同时注重淡水、燃气、电力等资源的节约，且在垃圾分类投放、汽车能源消耗和尾气排放及噪声控制等方面需要自觉、自律，以实现社区生态文明建设的健康发展。

参考文献：

[1] 毛志锋. 人类文明与可持续发展 [M]. 北京：新华出版社，2004.

[2] 毛志锋，叶文虎. 论可持续发展要求下的人类文明 [J]. 人口与经济，1999 (5)：1—6.

[3] 廖才茂. 论生态文明的基本特征 [J]. 当代财经，2004 (9)：10—14.

[4] 任娟，殷亮. 景观生态学与居住区绿地景观生态规划 [J]. 沈阳建筑大学学报（社会科学版），2007，9 (2)：146—149.

[5] 毛志锋. 论人与自然的和谐 [J]. 地域研究与开发，2000 (2)：1—6.

[6] 毛志锋. 论环境文明与可持续发展 [J]. 中国经济问题，1998 (1)：48—55.

[7] 戚彭. 生态建筑与可持续建筑发展 [J]. 建筑学报，1998 (6)：19—21.

[8] 颜京松，王如松. 生态住宅和生态住区的背景、概念和要求 [J]. 农村生态环境，2003，19 (4)：1—4.

[9] 毛志锋，马强. 论消费适度与资源节约 [J]. 北京大学学报（哲学社会科学版），2002，39 (6)：56—61.

[10] 王炎. 论生态建筑的设计原则 [J]. 山西建筑，2005 (13)：34—35.

[11] 杨继瑞. 绿色住宅内涵探析 [J]. 中国软科学，2002 (10)：124—126.

[12] 季鹏. 天人合一：和谐发展的理念与归宿 [J]. 徐州师范大学学报，2007，33 (5)：15—18.

[13] 毛志锋，叶文虎. 论"天人合一"与可持续发展 [J]. 人口与经济，1998 (5)：1—6.

[14] 毛志锋. 区域可持续发展的理论与对策 [M]. 武汉：湖北科技出版社，2000.

第2章 国内外居住区生态文明建设实践剖析

人类社会实践成就和科学技术成果的传播、继承性，决定了"他山之石，可以攻玉"。国内外生态住宅、绿色建筑的研发和实践，有助于启迪我们探索居住区的生态文明建设。

2.1 背景简析

生态住宅的兴起和生态文明居住区的建设，源于人们对生态环境问题的空前关注和对可持续发展紧迫性的广泛认同。研究表明，全球约 50% 的土地、矿石和木材资源被用于建筑，[1]超过 30% 的能耗来自家庭住宅建造、采暖制冷和日常生活，50% 的垃圾为建筑和生活垃圾，45% 的污水产生于住宅、酒店与办公楼等建筑。[2]显然，建筑和生活消费不仅耗费了地球大量的自然资源，且以废弃物的巨量排放污染、危害着生态环境。因此，降低能耗和其他资源消耗，控制、减少生活垃圾和生活污水的排放，大力开发节能环保的生态型住宅，建设人与自然、人与人和谐的生态文明社区已成为当代人类社会可持续发展的迫切需要。

1969 年，美国著名风景建筑师麦克哈格（Lan L. McHarg）所著《设计结合自然》一书的出版，标志着生态建筑学正式诞生。20 世纪 70 年代全球石油危机爆发，各国政府和科研人员开始重视太阳能、风能等可再生能源的开发与利用，欲求借以减少对不可再生能源的依赖。1974 年，首届国际被动式太阳能大会的召开，使太阳能集热器技术和太阳能温室技术得以蓬勃发展，并在住宅建筑领域被广泛应用。此后，随着"生态建筑"思潮的发展与技术的进步，在太阳能住宅发展的基础上出现了综合节能住宅。如采用具有更佳保温隔热性能的建筑材料，利用自然通风、采光和取暖，以节约采暖和制冷能耗；设置污水处理和中水回用系统等环保新技术等。生态住宅逐步由早期以强调节能环保为主的形态，发展到目前的节能、节水、节地、节材和加强环境保护的"四节一环保"模式，并逐步将生态文明的理念融入居住区规划、设计和管理之中。

生态住宅和生态文明居住区的发展，是社会可持续发展的必然诉求，亦需要政府、开发商和居民的共同努力才能得以实现。

2.1.1. 政府的作用

近 30 年来，世界各国普遍重视生态住宅及居住区生态文明的建设，并采取了一系列支持措施，如加强相关立法、完善管理体制、采取经济激励政策和鼓励研发等。

在建筑节能方面，早在 1975 年，美国采暖、制冷及空调工程协会（ASHRAE）就颁布了供热采暖网标准，即代号为"90－75"的新建筑物设计节能规范，并于每 5 年进行一次修订；瑞典在 1975 年的住宅规范中已有高标准的节能指标，并广泛利用可再生能源，如瑞典城市集中供暖覆盖率已达80％，燃料主要来源于垃圾焚化和工业废料等代用能源；英国政府从 1986 年开始制订国家节能计划，目前按照新标准设计的节能型住宅比传统住宅耗能减少 75％。英国还具有许多来自政府和其他组织的机制，如：碳排量信誉、节能信誉、建筑研究组织等，这些机制和组织为推进节能减排做出了巨大贡献。[3][4]

在绿色建材方面，欧、美、日等发达国家均对其发展非常重视，如制定绿色建材性能标准、推行低散发量标志认证及开发绿色建材新产品等。世界上最早的环境标志计划 1977 年产生于德国。该计划规定了各种涂料的最大 VOC 含量，并禁用有害材料，对于低散发量的产品可获得"蓝天使"标志。丹麦为促进绿色建材的发展，推出了"健康建材"（HMB）标准，规定所出售的建材产品在使用说明书上必须标出健康指标。加拿大的 Ecologo 环境标志计划始于 1998 年，对材料有机物散发总量、水基涂料的 TVOC 及成分均有严格的规定。[5]

除了立法，经济鼓励也是重要的政策手段。德国目前为大力发展环境友好型建筑，政府采取了一系列的激励手段，如改革生态环保税、提高建筑采暖用油等价格，以及对具有较高环保性能的项目减免费用、简化手续等。日本的金融优惠制度主要包括：节能住宅金融公库贷款优惠，对采用隔热构造、太阳能热水器、节能型供水设备和供暖设备等的住宅补贴贷款，以及对采用热泵设备的办公楼、饭店等建筑实行长期低息融资制度。美国政府为了全面推进节能省地型住宅的发展，规定新建节能住宅建筑和使用节能建筑设备可以获得税收减免。美国政府还为低收入家庭免费进行节能改造，使低收入家庭平均节约 13％～34％ 的能源开支，且投资低收入家庭住宅节能计划 1 美元，即可获得 1.88 美元的环境效益。[6]

近年来，我国在生态住宅及居住区生态文明建设上亦积极采取了一些有效的措施，如着力引进国外先进适用的节能环保理念和技术，颁布了绿色建筑评价标准和生态住区技术评估手册；在住区规划、建筑设计审批方面，注重了环境影响评价、配套服务设施建设，选择"四节一环保"住宅建设典范和文明社区进行宣传推广等。诚然，如何有力促进我国生态住宅及生态文明住区建设，尚需各级政府积极调研和出台系列免税、优惠等激励政策及措施。

2.1.2. 开发商的作为

房地产开发商迫于国家政策和市场需求的双重压力，日益积极采取各种节能环保措施，全方位提升住宅的品质和实现生态住宅的要求。然而，在住宅区建设过程中却往往使开发商受困于两难抉择：一方面，生态住区要求具备完善的配套设施，使用质量好价格也相对较高的环保建材，这难免会增加开发商的前期投入；另一方面，节能、节材等环保措施的实施能改善居住环境，大幅降低居民的日常开销和住宅区各项设施的运行成本。譬如，中国全国工商联住宅产业商会近期完成 20 多个"全国绿色生态住宅示范项目"，其统计分析表明：建筑节能平均增加成本 7.7％，节能率达 58.1％；建筑节水增加成本 1.2％，节水率为 21.6％；总建筑成本增加不到 10％，但可使全寿命周期的运行成本降低 70％～90％。[7] 显然，实施节能、节水、节材等措施具有资源、经济方面的良好社会效应，但因增加建筑成本会使开发商忧虑或退却。因此，为了实现住宅建设的节能、节水和环保，房地产开发商应肩负重要职责和时代使命。

此外，随着居民环保意识的提高，购买生态住宅的意愿亦日趋强烈，开发生态型住宅有助于提升房地产开发商品牌效应和增强市场竞争力。譬如，2005 年，清华大学建筑学院曾就"绿色消费观"开展过对深圳"东海岸"社区的一次问卷调查，大多数受访者将生态价值上升为购房决策的主要影响因素，认为 1％～10％ 的价格涨幅可被普遍接受。从长远来看，由于资源紧缺、价格不断攀升，节能环保技术的产业化亦有助于降低其建筑成本，加之政府的减税、补贴等相关鼓励政策，采取节能环保措施不仅有利于居民亦有利益于房地产开发商的经营收入。因此，建设生态型住宅是房地产开发商或企业的明智选择。

2.1.3. 居民的抉择

居民是住宅的使用者和环境改善的直接受益者。随着生活水平的不断提高，人们对家居生活舒适度的要求也逐渐提升，并愈加重视生活环境的质量改善。据有关研究显示,[8]生态住宅的价格比同等区位条件的普通住宅高 20％左右，但其后期使用成本可节约 50％。此外，居住区生态文明的建设不仅能够显著改善环境质量、提高居住舒适度，而且文教卫、商业、服务业设施的全方位配置及和谐社区精神文明方面的建设，有助于显著提升不动产的使用和投资价值。因此，生态住宅和生态文明居住区建设日益受到国内外消费者的青睐和重视。再则，居民物质消费的适度节约和环保方面的自觉自律，有助于节约资源和减轻环境的负荷，为人类社会的可持续发展做出应有的贡献。

2.2 国外实践

从发展历程来看，世界上最早的生态住宅诞生于美国，此后在欧洲的瑞典、丹麦、英国和法国等国先后出现并蓬勃发展。马来西亚是亚洲最早建设生态住宅的国家，日本、新加坡等国亦相继建造了独具特色的生态环保型住宅。

1974 年，美国建筑学家西姆设计建造了美国第一所完全自给型城市住宅，进行城市型粮食种植、太阳能供热、回收利用人与住宅的废弃物等技术的实验，其思路和方法成为现代城市生态型住宅最早的成功范例。[9]

20 世纪 80 年代，马来西亚建筑师杨经文将生物气候学理论运用于实践，设计完成了梅纳拉商厦和马来西亚 IBM 大厦等著名高层生态建筑。他结合东南亚的气候条件，提出独特的设计理念：引入绿色开敞空间，设双层外墙，形成复合空气层；屋顶设置具有遮阳格片的花园，利用中庭和双层外墙创造自然通风，且建议在外墙采用墙面水花系统，以降低由日晒引起的室内升温。这些措施的运用，经测算可以使热带地区的高层建筑节省运转耗能约 40％。[10]

1992 年，丹麦 KAB 咨询所设计的斯科特帕肯低能耗住宅小区，获 1993 年"世界人居奖"。其主要技术包括：外墙、屋顶和楼板设置保温层；利用智能系统控制太阳能供热系统，使热水保持恒温；利用通风系统和夜间热补偿等技术平衡住宅的热散失；设立收集槽将雨水引至住宅小区中心湖里等。这些技术措施可使住宅小区的煤气、水和电分别节约 60%、30% 和 20%，并能显著改善小区环境。[11]

1994 年，德国建筑师待多·特霍设计了一座旋转式太阳能房屋。房屋安装在一个圆形底座上，底座在环行轨道上随太阳缓慢旋转，太阳落山后，房屋反向转回初始位置。屋顶太阳能电池产生的电能仅 1.3% 被旋转电机消耗掉，其太阳能利用效率相当于固定式的 2 倍。这是欧洲第一座由计算机控制的划时代的生态住宅。[12]

1995 年，日本建成首栋生态住宅，主要技术为使用高效太阳能集热器供应大楼热水，利用风车发电供能，建造透水性混凝土地面停车场以保持地下水的储备。据测算，每户一年用空调的电费和煤气费可节约 5.7 万日元。[13]

除了新建的生态住宅，对既有建筑的节能改造也是节约能源、改善环境的重要途径之一。目前，国外已有很多成功案例：如美国加州 EPA 总部大楼，总投资 50 万美元进行设备、管理模式的绿色升级，实现年节约 61 万美元，并将大楼的固定资产价值提高了 1200 万美元；美国阿姆斯特朗公司总部大楼经改建，用电量减少 50%，节水近 50%，60% 的大楼垃圾被回收循环利用。由于节能方面的出众表现，两者均获得美国绿色建筑协会（USBGC）颁发的 LEED-EB 铂金奖认定。[14]

2.3　国内实践

与发达国家相比较，我国土地、淡水资源和能源日益短缺及环境恶化的状况更为严峻。就能源消费而言，我国人均煤炭、石油和天然气储量分别仅为世界平均水平的 50%、11% 和 4.5%，但单位面积能耗却是发达国家的 2～3 倍以上；从土地消耗方面看，中国人均耕地只有世界人均水平的 1/3，而实心黏土砖每年毁田 8000hm^2。此外，我国单位住宅面积钢材消耗较发达国家高 10%～25%，卫生洁具的耗水量高出 30% 以上，而污水回用率仅为发达国家的 25%。[15] 因此，发展我国生态住宅意义重大，势在必行。

国家十五规划方案已经将生态环境保护和节约用水置于保障我国社会经济发展的首要战略地位。与此同时，在生态住宅建设领域，随着相应标准与规范的出台、建筑技术的改进和公众对生活环境质量需求的不断提高，发展绿色建筑和节能、节水、节材、节地型住宅已经成为我国建筑行业发展的必然趋势，国内亦陆续出现了一些富有特色的生态型住宅小区。

1999 年，北京市按照"可持续发展战略原则"设计建成了第一座生态住宅小区——北潞春绿色生态小区。该小区除了利用太阳能、实行中水回用和使用环保材料等技术措施外，还进行了许多独创性的设计，为小区的生态文明建设增色不少。该小区坐落在低于周边公路 $2\sim3.5m$ 的洼地之中，为此规划设计了与路同高的架空平台，供步行者使用，形成"人上车下"的交通结构，实现了人车分流。同时，利用架空平台取得 $2.64hm^2$ 的再生地，解决了小区用地紧张的问题，提高了小区绿化率。小区中水回用后将多余的中水输送至人工湖，形成了人造景观，美化了小区环境。小区建筑的墙体材料杜绝了黏土砖的使用，起到了保护耕地的作用。采用住宅分户燃气采暖和复合墙体相结合的节能措施，使建筑能耗比 1980 年时的标准要求降低了 50%。小区的管网不再各自寻找路由，而是全部沿环路并列敷设，安全有序，易于维护，确保环道永远通畅，并且节约了近百万元投资。[16]

大连大有恬园住宅小区是 2005—2006 年国家环境友好工程十个获奖项目中唯一的房地产项目，其建筑设计也颇具特色。大有恬园选址于山坡之上，利用山地地形错台做半地下车库，并利用基础挖深超过 4m 的部分建设半地下室，节省用地 15%。工程将山地表土收集作为住宅建设的第一道工序，所收集的表土用于小区种植，直接节省费用 104 万元，剩余表土还可再造绿地和优质良田 4 万 m^2。此举既节约了成本又保护了土地资源，具有普遍推广价值。该小区规划建设了锅炉房、管网、住宅"三位一体"供热节能系统，其住宅热水全部由太阳能集热器供应，采暖季实际耗煤量较大连市平均住宅耗煤量节约 68.4%。住宅实行产业化装修，有 800 套住宅一次装修到位，减少了建材消耗。自建的中水站及地面水库，实现了中水人工循环、地表水半自然循环和地下水自然循环三个循环利用体系，使居住区直接节省自来水 40%。此外，在住区生态文明建设中，大有恬园通过修复自然并注入山、水、林、园四组文化理念于一体，实现了人居环境与自然的和谐。为了体现住宅区的文化特色，大有恬园充分挖掘背景地依山傍水的环境特点，安排建筑布局和设置游览路线，使人体验仁者乐山、智者乐水之情趣；用甲骨文、篆书、楷书三种文字表达姓氏来历的百家姓长廊更让人受到中国古典文化的熏陶。[17] 大有恬园建设中对于地形的巧妙利用和丰富文化生活的措施，值得国内其他居住区建设充分借鉴。

2005 年动工兴建的广州汇景新城小区是我国第一个获得"国际生态住宅"称号的居住区。其主要特点有以下几个方面：规划设计尽量采用简单方整的建筑体型，力图使围护结构的总面积在合理范围内达到最小，从而降低墙体的能耗；规划设计中结合景观朝向，合理确定建筑不同朝向的窗墙比，西向开窗面积尽可能减少，以降低东西向的能耗；内外墙和门窗采用保温、隔热及隔声效果更好的材料；西立面阳台设置格栅遮阳装置，并在西墙每层窗台下设计花池等垂直墙面绿化，减少了建筑的西墙能耗；注重立体绿化，建筑屋面均设计了屋顶花园。[18]不足之处在于毛坯房销售，易产生浪费建材、消耗人力、建筑垃圾多和室内污染等弊端。

此外，鉴于居住区建成后物业管理与居民利益间矛盾纷争、困扰加剧等问题，北京等城市的住宅区已由开发商经营或指定物业公司转为竞争招聘专职物业公司管理，且将"管理"定位于服务，从而有助于理顺、调节开发商、物业公司与居民之间的利益关系。再则，居住区普遍成立或正在组建业主委员会，在着力维护业主利益的同时，有助于居委会、物业公司同舟共济和协同运作，以保障社区生态环境优良、社会和谐、安全而健康地发展。

建设生态住宅和生态文明居住区，是人类社会走可持续发展之路、实现人与自然、人与人和谐的必然选择。我国虽"地大物博"，但日益规模性膨胀的人口和人均生活水平不断提高的压力，以及工业化和城市化进程的加速，已使土地、淡水、能源和其他资源的保障供给相形见绌，环境污染愈益加剧，社会稳定有待加强。因此，如何根据国情、市情、区情，借鉴、引进国外和国内其他地区生态住宅、生态文明居住区建设的先进规划理念、"四节一环保"建筑设计和建造技术、文明社区的管理经营，以及政府于居住区建设的激励政策等措施，均需要对规划方案、建筑和景观设计等进行客观、科学的评判，进而提出切实可行的对策建议。

参考文献：

[1] 鲍玲玲. 建筑节能势在必行——我国建筑能耗的现状及解决对策 [J/OL]. 天工网，http：//info. tgnet. cn/Detail/200705021283491233 1/.

[2] 模块化生态环保建筑综合解决方案的介绍与相关分析[J/OL]. 发明时空，http：//www. inventsky. net/zhuzai/shengtai. asp.

[3] 详解国外建筑节能与保温材料的利用 [J/OL]. 中国建筑装饰网，http：//news. ccd. com. cn/htmls/2008/7/18/20087189331547483-1. html.

[4] 发达国家建筑节能的做法 [J/OL]. 云南节能网，http：//www. ynenergy. gov. cn/Article/ShowInfo. asp？InfoID＝2118.

[5] 国外绿色建材发展概况 ［J/OL］. 建筑时报的新闻平台，http：//www. 114news. com/build/13/7213-42486. html.

[6] 发达国家建筑节能政策分析 ［J/OL］. 国际展览导航，http：//www. showguide. cn/info/news _ detail. asp? id＝19568＆sort＝3＆word Page＝1.

[7] 绿色生态住宅手册解读 ［J/OL］. 杭州网，http：//house. hangzhou. com. cn/20050801/ca1088328. htm.

[8] 绿色生态住宅手册解读 ［J/OL］. 杭州网，http：//house. hangzhou. com. cn/20050801/ca1088328. htm.

[9] 西安建筑科技大学绿色建筑研究中心. 绿色建筑 ［M］. 北京：中国计划出版社，1999.

[10] 国际建筑界有关生态建筑的实践 ［J/OL］. 发明时空，http：//www. inventsky. net/zhuzai/zhuzai _t41. asp.

[11] 节能建筑能省多少钱 ［J/OL］. 新浪武汉房产，http：//wh. house. sina. com. cn/news/2005-11-29/100318412. html.

[12] 小模块追踪阳光，太阳能房屋不停电 ［J/OL］. 常州科普之窗，http：//www. czkp. org. cn/view/3/30389. htm.

[13] 国际建筑界有关生态建筑的实践 ［J/OL］. 发明时空，http：//www. inventsky. net/zhuzai/zhuzai _t41. asp.

[14] 商业建筑节能改造的成功案例——首个 LEED－EB 铂金奖获得者：加州 EPA 大楼 ［J/OL］. 中国生物能源网，http：//www. bioenergy. cn/web/application/200711/application _20071102010125 _60767. shtml.

[15] 鲍玲玲. 建筑节能势在必行——我国建筑能耗的现状及解决对策［J/OL］. 天工网，http：//info. tgnet. cn/Detail/200705021283491233 _1/.

[16] 步入"绿色生态环境"的创作天地——北潞春绿色生态小区规划设计 ［J/OL］. 定鼎园林，http：//www. ddyuanlin. com/html/article/2006-12/21/5208. html.

[17] 鞠伟，马兰. 城市边缘居住区发展研究——"大有恬园"居住区建筑规划设计分析 ［J］. 华中建筑，2008 (26)：116—118.

[18] 张锦堂. 汇景新城的建筑节能设计和技术措施介绍 ［J］. 南方建筑，2005 (4)：77—78.

第3章 国内外生态住宅评估体系比较分析

尽管生态住宅与生态文明住区在内涵上并非一致或相同，但国内外有关生态住宅评估体系的建构和实践成就可供借鉴。本章通过剖析国内外业已成熟的生态住宅评估的指标和方法体系，旨在汲取有益营养和创建生态文明住区建设的评估体系。

3.1 发展概括

20世纪60年代末，美籍意大利建筑师鲍罗·索勒里在综合生态与建筑两个独立概念的基础上首次提出了"生态建筑"的理念。在经历过70年代的两次世界能源危机之后，更使人们意识到必须逆转建筑产业的高污染、高耗能发展之路。1993年第18次国际建筑师协会会议发表了"芝加哥宣言"，以"处于十字路口的建筑——建设可持续的未来"为主题，号召全世界的建筑师以环境的可持续支持为职责。由此，绿色建筑的风潮席卷全球，以生态、环保、可持续为主导思想的绿色建筑成为建筑设计与研究领域的重要课题。[1]

绿色建筑，亦称生态建筑，其推广、规范和管理必须建立于科学量化的评估系统之上。国外对绿色建筑评价研究起步较早，大体上经历了三个阶段：第一阶段，进行绿色建筑产品及技术的一般评价、介绍和展示；第二阶段，对于环境生态概念相关的建筑热、声、光等物理性能，进行方案设计阶段的软件模拟与评价；第三阶段，以"可持续发展"为主要目标，对建筑整体的环境表现，进行综合审定与评价。[2]

英国的BREEAM是世界上第一个绿色建筑评估体系，亦是最早用于市场和管理的绿色建筑评价方法。美国绿色建筑协会于1995年编写了"能源与环境设计先导"（LEED），以满足市场对绿色建筑的评定要求和提高建筑环境及经济特性。在嗣后的几年里，各国纷纷开始探索和制定针对本国国情、具备本国特色的绿色建筑评估标准和方法，德国的LNB、澳洲的NABERS、挪威的

Eco Profile、法国的 ESCALE、韩国的 KGBC、中国香港地区的 HK－BREE-AM 与 CEPAS 和中国台湾地区的 EEWH 等评估体系均相继建立。到了 2006 年，全球的绿色建筑评估系统已经接近 20 个。通过研究分析不同国家或地区评价体系的内容和特色，在中国环境、建筑、人文以及科技发展水平特点的基础上借鉴他们的先进思想和技术，对我国绿色建筑的规范和生态文明住区建设的评估工作具有重要的实践指导意义。

3.2 国外主要生态住宅评价体系

3.2.1 英国 BREEAM 评价体系

英国 BREEAM 是由英国建筑研究所（Building Research Establishment，BRE）于 1990 年提出，全称为"建筑研究所环境评估法"（Building Research EstablishmentEnvironmental Assessment Method）。BREEAM 体系的目标是减少建筑物的环境影响，为建筑的规划、设计、建造以及使用管理等阶段提供帮助。

针对绿色建筑技术和市场需求的发展状况，BREEAM 的评估对象从开始的办公建筑逐渐拓展到工业、商业、学校、医院以及住宅等多种建筑类型，同时各评估分册内容也得到不断更新和修订。"生态家园"（Ecohomes）是 BREEAM 的居住版，首次公布于 2000 年，成为绿色住宅评估领域的开路先锋，并于 2006 年修订推出了新版导则，满足了近年来英国市场对居住类建筑进行绿色生态评价的新需求。

BREEAM 的评价关系到规划、设计、使用和管理等方面，以评判建筑在整个生命周期中，包括选址、设计、施工及最终报废拆除等阶段的环境性能，以及其对全球、地区、场地、室内环境和管理手段造成的影响（见表 3-1）。

该评估体系的内容主要包括以下 8 个方面：①能源使用；②交通能源使用；③污染；④材料资源（包括绿色建材和垃圾管理措施）；⑤水资源；⑥土地和用地生态价值；⑦健康与舒适性；⑧管理。通过对每个评估部分各条款的分析、计算和审核，确定得分，利用权重得到最终总得分。由于权重系数是根据英国的环境影响测算的，因此只适合应用于英国。评估结果根据得分率的不同分为四个级别：通过、好、很好、优秀，见表 3-2。

表 3-1　英国 BREEAM 体系不同层面的环境影响

分　类	具　体　内　容
全球问题	能源节约和排放控制，臭氧层减少措施，酸雨控制措施，材料再循环使用
地区问题	节水措施，节能措施，光、声、通风等环境，微生物污染预防措施
室内问题	高频照明，室内空气质量管理，氡元素管理，热舒适性，室内噪声
管理问题	环境政策和采购政策，能源管理，环境管理，房屋维修，健康房屋标准

表 3-2　Ecohomes 2006 体系等级范围划分说明

标　志	等级	得分百分率（%）	说　明
	通过	36	大多数开发通过一定的设计和较少的投入都可以取得该等级
	好	48	开发者在大多数领域做出好的尝试
	很好	60	开发在建筑环境上付出极大努力
	优秀	70	开发必须在各个方面堪称典范

资 料 来 源：BREEAM：Ecohomes 2006-The environmental rating for homes. BRE：BREEAM Office，2006.

除评估条款和标准之外，BREEAM 还提供了一套内容全面而丰富的使用指导手册，详细地解释了每一个条款的评价意图、思路及相关环境、经济背景和计算方法等，并提供参考文献目录（包括网址和文字资料）。[3]

在 2006 年版"生态家园"评估导则中，新加入了运营管理的相关评估。由此，生态家园评估体系主要包括能源、交通、污染、材料资源、水资源、土地利用与生态、健康与舒适性，以及运营管理等 8 项指标。各项内容分类见表 3-3。

表 3-3　Ecohomes2006 评价内容

评 价 指 标	最高分
能源（占总得分 22.64%）	24
1. 住宅使用及提供相关服务过程中减少二氧化碳的排放	15
2. 建筑维护结构的隔热性能（平均热损失参数）	2
3. 每个单元设置安全干燥的晾衣空间，减少能源在衣物烘干上的消耗	1

续　表

评　价　指　标	最高分
4. 使用贴有生态节能标识的白色家电	2
5. 使用低能耗的内部照明设备 *	2
6. 外部照明，包括空间照明与安全照明，具有低能耗的室外灯光系统	2
交通（占总得分 7.55%）	10
7. 为居民提供方便、快捷的公共交通方式，以减少汽车的使用	2
8. 自行车库的配置比例，以鼓励选择自行车为短途交通工具	2
9. 居住区附近配套设施的情况	3
10. 是否有可供家庭办公的空间和服务设施	1
污染（占总得分 10.38%）	11
11. 防止 ODP① 和 GWP②：屋顶、墙、楼板、热水贮存器等均不含持续消耗臭氧的物质	1
12. 控制氮氧化物（NOx）的释放	3
13. 减少表面径流	2
14. 可再生及低排放能源的使用	3
15. 防止洪水事件，降低浸没风险 *	2
材料资源（占总得分 29.25%）	31
16. 在建筑的不同部位，均使用全生命周期中对环境影响小的建筑材料（符合绿色住宅指南 A 级产品要求）	16
17. 建筑基本结构中所使用的材料来源可靠	6
18. 装饰构建中所使用材料的来源可靠	3
19. 提供回收废物的设施	6
水资源（占总得分 5.66%）	6
20. 内部水的使用：控制每年每户用水量	5
21. 外部水的使用：利用雨水收集系统来灌溉花园或景观区域	1
土地利用和生态（占总得分 8.49%）	9
22. 场地的生态价值	1
23. 生态价值的增强：通过专家咨询提高场地的生态价值	1
24. 生态特征的保护：对场地内已有的生态特征进行保护与提高	1
25. 改变场地的生态价值：防治降低生态价值的行为，鼓励改进生态价值	4

续　表

评 价 指 标	最高分
25. 建筑占地：有效利用建筑占地	2
健康与舒适性（占总得分 7.55%）	**8**
26. 是否有充分的采光，包括厨房和其他可居住的房间	3
27. 隔声性能设计是否符合建筑规范要求	4
28. 是否有私密或半私密的室外空间	1
建设及运营管理*（占总得分 8.49%）	**9**
29. 用现行良好的实践事实引导居民高效生活，充分利用现有设施	2
30. 施工地点的管理要对环境和社会负责	2
31. 减小施工地点能源消耗、废弃物及污染对环境造成的影响	3
32. 安全保障	2

注： ① ODP：Ozone depletion potential，臭氧耗减潜能值；

② GWP：Global warming potential，全球变暖潜能值；

* 表示 2006 版较 2005 版新增的内容。

在上述诸项指标中，材料资源部分占了最大的比重，认为使用材料在全生命周期中的环保安全与可循环利用是建筑可持续的重要体现。能源部分强调的是节能设计和低耗技术的运用，其中指出了建筑 CO_2 排放的问题，并赋予高分值，以彰显全球气候变化形势严峻而对建筑物设计、建设和运营提出的特别要求。同时，CO_2 排放也是交通部分评价指标的主要关注点。设置 7 至 9 这四条指标，旨在通过设置良好的公共交通、鼓励使用自行车和减少居民出行距离以降低住区居民对私家车的依赖，从而尽量削减由私家车带来的 CO_2 排放，控制私家车对交通的有害影响。由于住宅并非污染物的主要来源，因此污染部分所占比重不及能源和材料。污染部分关注的重点是大气污染和洪涝风险，同样与全球气候变化相关。此部分要求减少使用材料中和设备运行时温室气体及氮氧化物的排放，在使用低排放能源以降低温室气体及其他污染物排放的同时，节约化石燃料并推动低排放能源技术市场的发展。

在土地使用和生态评估部分中，有通过较少努力就能获得分数的直接方法，如通过使用一些当地物种和用鸟巢来调查和改善生态环境，对绿地或者有价值的土地采取保护措施等，以鼓励和促进开发者对生态价值区域的保护和合理开发做出力所能及的努力。

健康和舒适性评估部分是直接关系居民切身利益及生活质量的重要方面，良好的采光和隔声能够为居民提供健康的生活环境及安全舒适的私密空间，这是当今社会人类对于住所的基本要求。生态家园 2008 年版加入了运营管理部分的条款，目的在于通过宣传、引导和管理，促进建筑在规划和建设中的"绿色""生态"理念和要求得到有效的体现。

受 BREEAM 的启发，不同国家、地区和研究机构相继推出各种不同类型的建筑评估系统，或参考或直接以 BREEAM 作为范本，如中国香港的"建筑环境评估法"HK－BEAM、加拿大的 BEPAC 和挪威的 Eco Profile 等。

3.2.2 美国 LEED 评价体系

美国绿色建筑协会（USGBS）编写的《能源与环境设计先导》（Leadership in Energy and Environmental Design，LEED）问世于 1995 年。LEED 评级体系制定的目的是推广整体建筑一体化设计流程，用可以识别的全国性认证来改变市场走向，促进绿色竞争和绿色需求。值得借鉴的是，LEED 体系注重将绿色建筑的具体要求贯穿于建筑的全生命周期，尤其突出了评估早期介入的必要性。即从生命周期的起始端——规划和设计阶段便要求建筑项目初步确定目标等级，并在项目队伍中配备取得 LEED 相关资质的人员，以及召开专家指导会议等。同时，LEED 围绕设计方案组织评价并提供建议措施，具备强大的引导设计功能。参评者自选条款，自备文件，透明性强，从而大大方便了评价资料的收集。另外，由于该体系未采用权重系统，而使用直接累加的评分方式，使得评估过程简易，操作方便。

针对不同的建筑类型 LEED 设计开发了不同的配套评估体系，不仅包括面向新建筑和楼宇改造工程的 LEED－NC，还包括强调建筑营运管理评估（LEED－EB）、针对商业内部的装修评估（LEED－CI）、业主和租户共同发展评估（LEED－CS）、住宅评估（LEED－H）和社区规划与发展评估（LEED－ND）。这六项评估体系彼此关联但又有不同的侧重点，全面考量了建筑单体的环境性能和人类活动与其相互影响的可持续性。针对生态住宅的评估，应用广泛的主要是面向新建筑的评估体系（LEED－NC）和住宅评估（LEED－H）。LEED－H 所针对的住宅产品主要类型，包括独立基地上建造的独立结构、单个家庭居住的独立房屋、复式别墅、排屋、两层楼或三层楼的多栋联建住宅等。而对于规模较大的住宅项目，则建议采用 LEED－NC 标准。[3]

LEED－NC 主要用于指导各种办公楼宇、学校、住宅楼、厂房和实验室等建筑类型的设计和施工。一般而言，主要从5个方面来考察绿色建筑：①选择可持续发展的建筑场地；②节水；③能源利用效率及大气环境保护；④材料及资源的有效利用；⑤室内环境质量。详细条款见表3-4。

表 3-4　LEED－NC 体系评价内容

评　价　指　标		得分
场地的可持续性（占总得分 20.3%）		14
前提条件：建设期的污染预防（防止水土流失、水路淤积及粉尘的产生）	制定场地沉积物和冲蚀的控制计划，并符合相关规范规定	必须
1. 建筑选址	避免将建筑建在不适于建设的场地	1
2. 发展密度和社区的连接	建筑密度和利用原有基础设施的要求	1
3. 褐地的开发	开发受污染的土地或褐地	1
4. 可供选择的交通设施	减少机动车使用造成的污染，提高土地利用率	4
5. 场地开发	5.1 保护或修复动植物栖息地	1
	5.2 减少建筑占地面积，扩大空地比例	1
6. 雨水的管理	6.1 控制地表径流的水量	1
	6.2 控制地表径流的污染物	1
7. 热岛效应	降低对局部气候、居民和野生动植物栖息地的影响	2
8. 减少光污染	消除建筑彩光污染，提高夜晚自然光	1
节水（占总得分 7.2%）		5
1. 节水景观设计	1.1 利用高效灌溉技术节水 50%	1
	1.2 不将饮用水或天然地表水资源用以景观浇灌	1
2. 废水创新技术	减少废水产生	1
3. 节约用水	3.1 节水 20%	1
	3.2 节水 30%	1
能源和大气环境（占总得分 24.6%）		17
前提 1：基本建筑系统调试启动	确保主要建筑部件和系统与要求相符	必须
前提 2：最低能源消耗	满足 ASHRAE/IESNA 90.1－2004 标准的要求	必须

续　表

评　价　指　标		得分
前提 3：基础制冷设备管理	不使用含氟氯烃的制冷剂	必须
1. 优化能源使用（2007 年 6 月 24 日之后注册的项目必须至少得到 2 分）	按节能效果的不同程度或满足条款描述得分，	10
2. 可再生能源的使用	减少使用化石能源产生的环境和经济影响	3
3. 其他调试启动	确保整栋建筑符合要求	1
4. 其他制冷设备的管理		1
5. 计量和核准	确保正在实施的建筑耗能和耗水的效果，随着时间的推移始终是可靠和最优的	1
6. 绿色能源	鼓励开发和使用零污染的可再生能源技术产生的可并网电能	1
材料和资源（占总得分 18.8%）		13
前提：可回收物质的贮存和收集	设置回收品集散地，包括纸、波纹纸板、玻璃、塑料和金属	必须
1. 旧建筑的更新	延长现有建筑材料的使用周期，节约原料，减少废物及降低环境影响	3
2. 施工废物管理	回收施工废物中的可用材料重新用于生产	2
3. 资源再利用	对部分建筑材料进行折价或再利用	2
4. 可循环利用的物质	增加含回收物质的建筑产品的使用量	2
5. 就地取材	减少运输过程的环境影响，促进当地经济发展	2
6. 可快速再生的材料	减少天然材料和再生周期长的材料的使用	1
7. 使用经过认证的木材		1
室内环境质量（23.2%）		16
前提 1：室内空气质量的最低要求	符合 ASHRAE 62.1－2004 标准的要求	必须
前提 2：控制环境中的烟草烟雾		必须

续　表

评　价　指　标		得分
1. 流通空气监测	保证流通的空气能够维护住户的健康和舒适	1
2. 提高通风效率	有效输送新风	1
3. 施工现场室内空气质量管理方案		2
4. 低挥发材料	减少有异味和潜在刺激作用的室内污染物	4
5. 室内化学品和污染源控制	避免住户接触危害空气质量的有毒化学物质	1
6. 系统可控度	控制热工、通风和照明	1
7. 热舒适度		2
8. 天然采光和视野		2
创新设计得分（5.8%）		4

资料来源：LEED for New Construction Rating System v2.2. U.S. Green Building Council，2005.

所有的 LEED 体系评估产品的评估点均分为 3 种类型：①评估前提。任何项目都必须满足必要条件，否则不予参评。②评估要点。即得分点，系上述 5 方面中所描述的各种建议采取的技术措施。③创新分。当候选项目中采取的技术措施达到效果超过评估要点的要求，或采取体系中并没有提及的环保节能措施，并取得了显著成效时即可得到相应得分，用以鼓励创新同时弥补上述各方面的疏漏。

评定一个条款是否满足标准规定，大多可以通过审核建筑内是否安装针对该项的设备来确定，还有一些条款评定就相对复杂。由于 LEED 采用了更多的量化指标或标准，使得评定工作更加专业化，但同时也对设计方的说明及数据提供提出了更高的要求。譬如，LEED－NC 在"能源与环境"评定中需要将被评建筑能耗与 ASHRAE90.1－1999 标准进行比较，如果在该标准的基础上得到进一步的改进，才能够得到该项分数[4]。

根据评定建筑物类型的不同，评定标准中条款要求及所占比重也不同，评定得分为全部分值条款得分的总和。通过自行决定采取哪些评估要点所建议的技术措施，取得相应分值，最终总分即作为 LEED－NC 等级的划分依据。其认证级别为：①认证级：26～32 分；②银级：33～38 分；③金级：39～51分；④白金级：52～69 分。

3.2.3 日本 CASBEE 体系

CASBEE（Comprehensive Assessment System for Building Environmental Efficiency），中文全称为"建筑环境综合性能评价体系"，是由日本学术界学科带头人、建筑设计、施工、设备、能源等方面企业专家和国土交通局、地方公共团体联合组成的"建筑综合环境评价委员会"于 2001 年推出的一套与国际接轨的标准和评价方法。[3]与 BREEAM 和 LEED 相同，CASBEE 体系也为不同建筑类型开发设计了相应的评价适用方法，并不断修改和更新。如在2007 年，CASBEE 推出了适用于独立式住宅评价的 CASBEE for Home（DetachedHouse），简称 CASBEE－H，能够结合日本国住宅的特色提出更实用且更具针对性的建议和要求。

CASBEE 体系的评估对象包括办公建筑、商店、餐饮店、宾馆、学校、医院和住宅。为了能够针对建筑生命周期不同阶段的特征进行准确的评价，CASBEE 设计了以下 4 个评价工具：

（1）规划与方案设计工具。用于新建建筑规划与方案设计阶段，主要对场地选址、地质诊断及项目对环境的基本影响进行评价。

（2）绿色设计工具。用于新建建筑设计阶段和竣工阶段，主要对能源消耗、资源循环利用、区域环境和室内环境进行评价。

（3）绿色标签工具。适用于既有建筑的评价，主要运用上述绿色设计工具评定建筑绿色等级，需在建成 1 年后才能评价。

（4）绿色运营与改造设计工具。用于运行和改造阶段的相关评价。

值得指出的是，CASBEE 创造性地提出了建筑环境效率（BEE）这一概念，以此为基础展开评定。其思路为：通过一个假想的界面将建筑空间分为内在空间和外在空间，分别对应着两个影响因素，将其定义为"内部建筑使用者生活舒适性的改善"和"外部公共区域的负面环境影响"，用 Q（Quality，环境质量及性能）和 L（Load，外部环境负荷）表示；在对 Q 和 L 进行单独评价的基础上，开展建筑环境效率（BEE＝Q/L）的评价，其值越高，则环境性能越好。

CASBEE 的评价内容主要包括 4 个方面：①能量消耗；②资源有效利用；③当地环境；④室内环境。这 4 个方面首先分为 Q 和 L 两个大类，并各自展开下层子项。各个评价子项都设置了相应的权重，通过评价分数的加权计算得到 Q 类项目的总得分。L 类项目在评价时，首先用 LR（Load Reduction：建筑物环境负荷的降低）代替 L 进行计算，方法与 Q 相同。

建筑物的环境质量和性能（Q）评价的主要内容有：

（1）Q1 室内环境：评价声环境、热环境、视觉环境、空气品质各方面的性能；

（2）Q2 服务质量：评价功能性、耐用性、应对性/更新性方面的性能；

（3）Q3 室外环境（建筑用地内）：从提高室外环境及其周边环境的质量和性能的观点出发进行评价，包括生物环境、街道排列与景观造型、考虑区域社会与区域文化、提高舒适性等方面。

LR 以建筑物生命周期为对象，考虑了能源、水资源、建筑材料消耗，以及这些消耗对地球环境的影响。即：

（1）LR1 能源：包括建筑物的热负荷、自然能源利用、设备系统的高效率运行和高效运营；

（2）LR2 资源和材料：包括水资源保护、材料循环利用；

（3）LR3 建筑用地外环境：评价因建筑和建筑用地区域所产生的环境负荷（大气污染、噪声、恶臭、风害、光害）对周边环境的影响程度。

评分等级采用 5 级评分方式，满足最低条件时评定为水平 1（1 分），达到一般水平时为水平 3（3 分）。评分方式分为两种，一种是直接根据划定 5 分的评分等级打分，一般是量化的指标；另一种是采用措施得分率的方式，即定性类判别得分。各项目的权重系数见表 3-5。

表 3-5　CASBEE 体系各评价项目的权重分配

评 价 内 容	权 重 系 数
Q1 室内环境	0.40
Q2 服务性能	0.30
Q3 室外环境（建筑用地内）	0.30
LR1 能量	0.40
LR2 资源和材料	0.30
LR3 建筑用地外环境	0.30

如图 3-1 所示为"绿色设计工具"的评价结果界面。[5]其中将 Q 和 LR 分类用雷达图、柱状图和数值表示，BEE 的结果则用二元坐标图和数值表示：根据 BEE 在纵轴为 Q、横轴为 L 值的二元坐标系中的位置，确定建筑物的绿色标签等级，即从 S 至 C 分为 5 个等级。这套独特的评价方法，能够清晰直观地表示评估的结果，从而综合、多角度地描述了被评对象的可持续特征。

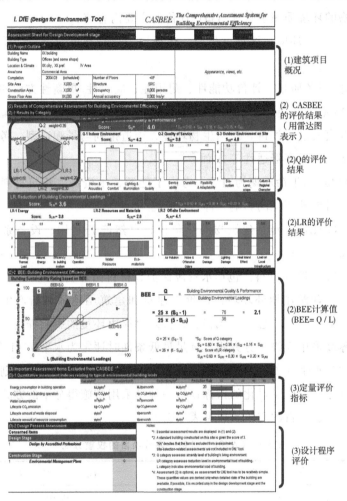

图 3-1　CASBEE 评价结果表

资料来源：Shuzo Murakami, Kazuo Iwamura, Toshiharu Ikaga. Comprehensive Assessment System for Building Environmental Efficiency. Japan-Canada Int. Workshop，2002.

3.3　中国生态住宅评价体系的建构

在我国，现代化建设与高速发展的科学技术正使社会经济面貌发生着日新月异的变化。自改革开放以来，经济的腾飞带来了不动产建设的蓬勃发展，尤其是大中城市拔地而起的高楼大厦和高档住宅区不断成为城市的新地标。然而，建筑的施工和运营带来了大量的资源消耗、能源需求和污染排放，给我国资源和环境的持续保障带来了巨大的压力。有鉴于此，社会已经开始反思在保障人们物质需求和精神向往的同时，如何有效平衡自然资源、环境供给与社会、经济发展需求间的相依关系。

在全球资源节约、环境保障的可持续发展共鸣下，中国的生态、环境学家和建筑学界的专家及管理者亦迅捷地将目光聚焦于绿色建筑的研究与实践之上，针对环境设计和节能技术的标准应运而生。2001 年 9 月颁布了《中国生态住宅技术评估手册》，第一次明确了我国生态住宅的量化标准。2003 年 8月，在科技部和北京市委的支持下，由清华大学建筑学院联合国内 8 个科研设计单位借鉴日本 CASBEE 中建筑环境效率的概念，合作完成了"绿色奥运建筑评估体系"（GBCAS）。2004 年 8 月，根据建设部的统一部署和工作安排，建设部标准定额司组织国内多家建筑科学研究单位编制了《绿色建筑评价标准》，从而使绿色建筑评定工作的广泛开展有法可依、有章可循。

3.3.1　《中国生态住宅技术评估手册》

《中国生态住宅技术评估手册》（以下简称《手册》）是由中华全国工商业联合会房地产商会联袂清华大学、建设部科技发展促进中心、中国建筑科学研究院、哈尔滨工业大学、北京天鸿圆方建筑设计有限责任公司等单位编制的国内第一部生态住宅评估体系。《手册》融合了国际上发达国家的绿色生态建筑评估体系（如美国 LEED）和我国《国家康居示范工程建设技术要点》《商品住宅性能评定方法和指标体系》的有关内容，在住区环境规划设计、能源与环境、室内环境质量、住区水环境、材料与资源等 5 方面提出了相关量化指标，涵盖住区生态性能的诸多方面。

该套评价指标分为四级，一级评估体系涵盖上述 5 个方面的内容，二级、三级评估指标则加以细化,四级为具体措施。该套评价指标采取定性和定量相结合的原则,定性指标以技术措施为主,既利于评价,也有助于指导设计。评分标准体系由必备条件审核、规划设计阶段评分标准和验收与运行管理阶段评分标准等 3 部分组成,其中必备条件主要是国家法规、标准、规范以及绿色建筑的基本要求,满足这些必备条件才可参加评估。[6]

近年来,一些以该《手册》为指导依据建设的生态住宅项目在最终调查分析时却发现往往存在一些相似的缺陷,主要表现在以下 3 个方面:

(1)《手册》中没有强调不同生态策略或技术措施间的轻重关系。因在面临不同策略及措施的选择时缺乏权重的引导,往往会导致设计、建造者容易受到其他因素的影响而刻意避开那些对环境更为重要的问题,亦难以为设计、建造者在选择时提供一个客观有效的指导,故不利于推进生态住宅的全面健康发展。譬如,同属于"住宅环境规划设计"子项中的两项措施,一项是"使用废弃土地进行改良、开发";一项是"确定住宅之间的合理间距,并考虑避免实现干扰,保证住户的私密性"。这两项措施的评分值都是 2 分,但带来的生态效益却不相同。在这种缺乏衡量参照的情况下,开发商往往会偏向于后者,因为其操作简单方便,且更切合消费者的兴趣。然而前者能够产生更大的生态效益,却因为无权重衡量,导致其重要性被淡化。

(2)缺乏技术采用量与得分间的对应关系。《手册》中对于同一个技术在项目中采用量的多少并未细致划分,无法在得分上产生差异,不足以引导生态技术措施在建设项目中的充分使用,亦影响项目评估结果的精确性。

(3)缺乏运营措施的保障和评估。生态住宅的建设不仅需要规划、设计、施工诸建设阶段资源节约和高效利用及环境质量的保障,而且须对使用、运营期提出适宜、可行的方略对策,以促进生态住宅或住区的健康发展。然而,本《手册》中在相应评估指标的设计方面未能予以关注和重视。

3.3.2 绿色奥运建筑评估体系

绿色建筑是追求消耗最小的能源、资源与环境代价,获取健康舒适高效的建筑环境。为清晰地对这两者的实际状况给出科学描述,"绿色奥运建筑评估体系"(Assessment System for Green Building of Beijing Olympics, GOBAS)在广泛研究国际绿色建筑评估体系的基础上,借鉴日本 CASBEE 的建筑环境效率理念,采用 Quality(质量)和 Load(环境负荷)这两个指标,以追求最小负荷下获得最大的建筑环境质量。这种指标方式更准确地刻画了"绿色"这一概念，并且针对我国实际提出了按照过程控制的方法。根据我国建设项目实施过程的特点，"绿色奥运建筑评估体系"将评估过程分成了规划、详细设计、施工和验收与运行管理 4 个阶段，根据每个阶段的特点制定了相应的评估体系。通过对各个阶段的控制，最终保证绿色建筑的实施。[7]

GOBAS 体系较为庞大，相应的定量标准或定性描述详细复杂，评分方法同样参考 CASBEE 采用定量分级和措施得分率的手段。该体系目前已在水立方、五棵松体育文化中心、运动员村等奥运项目和建设工程中得到了较好的应用。但由于本体系是为绿色奥运服务的，各项条款具有较强的针对性，尚不能直接用于住宅建筑的评估。

3.3.3　《绿色建筑评价标准》

《绿色建筑评价标准》是在总结国内绿色建筑方面的实践经验和研究成果，借鉴国际先进经验的基础上编制的。该标准并不涵盖建筑物所有的性能和品质，仅着重评价建筑中与"绿色"相关的节约资源、保护环境、健康舒适等方面的性能和品质，是一个多维、多层次的评价体系。本标准指标体系由节地与室外环境、节能与能源利用、节水与雨水资源利用、节材与材料资源利用、室内环境质量和运营管理等 6 类指标组成，每类指标包括控制项、一般项和优选项。与前述一些评估体系相同，绿色建筑应满足所有控制项的要求之后才可参加评估，并按满足一般项和优选项的程度划分为 3 个等级，见表 3-6。

表 3-6　划分绿色建筑等级的项数要求（住宅建筑）

等级	一般项数（共 40 项）						优选项数（共 9 项）
	节能与室外环境（共 8 项）	节能与能源利用（共 6 项）	节水与雨水资源利用（共 6 项）	节材与材料资源利用（共 7 项）	室内环境质量（共 6 项）	运营管理（共 7 项）	
★	4	2	3	3	2	4	—
★★	5	3	4	4	3	5	3
★★★	6	4	5	5	4	6	5

资料来源：绿色建筑评价标准（GB/T50378－2006）。

在构建本标准的指标体系时，为避免指标过多导致关键指标的作用被削弱，筛选了能反映绿色目标本质和真实性的代表性指标，通过这些代表性指标从定性和定量上反映评价对象实现绿色目标的真实程度。各类指标在体系集成中不是简单相加，而是通过权重系统有机融合。评估结果根据达到子项要求数量的多少，划分了高低不同的等级，有利于生态住宅项目在市场上进行比较，从而推动生态住宅项目朝高层次的方向发展。

同国内其他评估体系相似，该标准也存在一些类似的不足，如没有对其中所列举的措施做出足够的量化规定，其结果亦会造成项目中对绿色措施的采用广而不深。

3.4 国内外评估体系比较

由于生态住宅或绿色建筑的概念涉及自然环境、社会状况、建筑性能、人的感受等多种因素，使得对其量度和评价与地域的资源条件、经济发展、技术支持、用户环境意识等均有密切的联系。从上述分析中可以看出，各国的评估体系均包括了"场地环境""能源利用""水资源利用""材料和资源""室内环境"诸项主要内容，所不同的是在运营管理、耐久性、可操作性、成本与经济、创新机制等内容上各有特点。

在场地利用中，英、美等国家普遍重视受污染、被遗弃土地的再利用，而在我国的评价体系中，在把选用废弃场地进行建设作为优选项目的同时更侧重保护基本农田、森林和人均居住用地指标的控制。在能源利用方面，英国的BREEAM非常重视能源消耗及CO_2排放控制的评估，而我国强调节能和常规能源的优化利用，但缺乏CO_2排放量的控制类指标。在水资源项目领域，我国的要求详细而全面，特别关注"非传统水源"的利用。针对室外环境，我国评价体系非常强调"绿化"问题，规定绿地率不低于30%，而欧美的评估体系中大多无明确的绿地率指标要求，但强调减少热岛效应、保护生态特征等。就材料和资源而言，我国现在特别强调将一次性施工列入要求之中，以控制我国新建住宅二次装修造成的大量材料浪费和经济损失，而欧美标准中强调材料对环境的影响，即在整个生命周期中材料与环境的作用关系。

从评估方法上看，国外的生态住宅或绿色建筑评估经过多年的发展和实践，具备较为成熟的评估体系，有的已经建立了完备的评估平台，通过特定的软件工具使得评估更简便，可操作性大大提升。此外，欧美和日本等国的评估体系在市场化运营方面取得了较大的成功，作为一种强有力的激励措施使建筑绿色化、生态化不仅只是社会发展所趋的严格要求，并且成为开发商竞相追逐的目标。

我国的市场经济体制还不够完善，公民环境意识有待增强，各种技术水平、基础数据和研究尚需提高或积累，推广生态住宅、绿色建筑理念和付诸实践依然任重而道远。目前国内推行的评估体系尚不成熟，借鉴国外诸评估体系的成熟经验有助于我国改善评估模型、指标选取及运行推广等方面的滞后状况。然而，针对国情和地域社会经济的发展特点，亟待需要梳理、设计符合中国特色和地域特点的生态住宅、绿色建筑评价体系。

此外，居住区的生态文明建设，在内涵、内容和功能上宽厚于生态住宅或绿色住宅的范畴。因此，依据生态文明的内涵、内容和功能要求，在借鉴上述国内外生态住宅或绿色住宅评价体系和方法的基础上，针对特定项目的实际状况和地方特点创建与生态文明居住区要求相适应的评价指标和方法体系，则有待本项研究结合案例予以攻关和提供类似评估能有所借鉴。

参考文献：

[1] 林宪德. 绿色建筑——生态·节能·减废·健康 [M]. 北京：中国建筑工业出版社，2007.

[2] 常春燕. 绿色建筑评价体系的发展 [J]. 内江科技，2008（1）：54.

[3] TopEnergy 绿色建筑论坛组织. 绿色建筑评估 [M]. 北京：中国建筑工业出版社，2007.

[4] 周双海. 美国能源及环境先导计划 LEED 引介 [J]. 中外建筑，2003（2）：33—35.

[5] Murakami，S. Comprehensive Assessment System of Building Environmental Efficiency in Japan（CASABEE-J）[A]. Proceedings：Sustainable Building 2002 International Conference，2002.

[6] 聂梅生. 中国生态住区技术评估手册 [M]. 北京：中国建筑工业出版社，2007.

[7] 绿色奥运建筑研究课题组. 绿色奥运建筑评估体系 [M]. 北京：中国建筑出版社，2003.

第4章 居住区生态文明建设方案的评估

为了阐释居住区生态文明建设评估的内容、方法和过程，以及围绕评估结论提出针对性较强的对策方略，本书以作者曾亲自参加完成的项目为案例展示有关实证研究状况，以飨读者所需。

因此，从本章始着重介绍"贵阳市山语城居住区生态文明建设评估和对策"项目研究的主要内容、方法和过程，以及相应的研究结论，谨供读者参阅借鉴。

4.1 评估的目的与意义

建设生态文明居住区，至关重要的是按生态文明理念和内涵要求做好建设规划和建筑设计，而对其规划和建筑方案进行科学的评估则是加强居住区生态文明建设与管理的关键环节。因此，评估的目的和意义主要有以下两个方面：

第一，有助于完善住区规划和当期建设方案，促进后续项目建设和住区管理。居住区的建设规划，通常包括住区内部依据地形地貌和居住需要的功能区块划分、建筑高度与布局、道路与景观设计、水和能源体系规划，以及与外部环境紧密相连的环境规划和住区管理等。而大中型居住区的建设，通常又进行分期建筑设计和施工。因此，通过对居住区分项和整体规划及一期建筑设计方案的分类评估，旨在阐明对象生态文明住区的特色和优势，剖析规划和建筑方案中存在的问题及其根源，提出相应的改进方案和措施，以完善当期建设和促进后续工程及未来住区管理中生态文明建设的有效开展。此外，伴随我国城市生态文明化的日趋加强，对不同类型居住区进行分异的生态文明建设评估，既有助于健全个体居住区的建设方案，亦有助于多类型住区间的整体协同，以促进全市生态文明之建设。

第二，为开发商营销和居民购房选择提供咨询参考。随着经济的发展和消费理念的转变，绿色和生态成为住宅居住舒适性的重要标志，开发商和购房者亦开始更多地关注居住区的生态功能表现。开展居住区生态文明建设评估，既是开发商对房屋品质保障和增强营销效应的自我要求，亦是对购房者做出承诺的检验，更有助于促进开发商在生态文明住区建设领域的先导作用和社会影响力。另则，购房者可以通过评估对住区生态文明建设状况进行更深入的了解，在做出正确购房抉择的同时，有助于加强对住区环境保护及生态文明建设工作的督导。

4.2　项目概况

4.2.1　基本情况

贵阳市山语城项目是由中铁地产贵州中泓房地产开发有限公司开发兴建的集商业、住宅于一体的大型居住社区。项目位于贵阳市南明区太慈桥青山路，南临小河区，而小河区属于贵阳市城市副中心。工程总用地面积 93.32 公顷，其中林地 31.25 公顷，水域 3.58 公顷，规划建设用地面积 59.21 公顷。建设总投资 60 亿元，总工期 60 个月（从 2008 年 8 月至 2013 年 8 月），分四期建设。项目距离市核心商业区 5 公里左右，对于核心区配套依赖性较低，区域周边亦无成熟的配套设施。项目位置如图 4-1 所示。

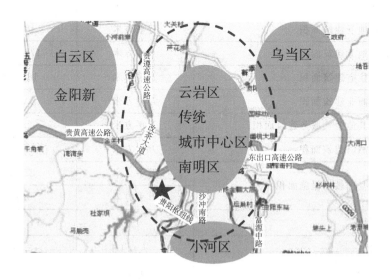

图 4-1　贵阳山语城地理位置

项目所在的贵阳市地处亚热带温和湿润气候区，冬无严寒，夏无酷暑，雨量充沛，气候宜人。项目选址位于贵阳岩溶盆地西南面的低中山溶蚀峰丛——残丘谷地地貌区，地形地貌受构造控制，山脊走向与岩层走向、构造线基本一致，近南北向。总体地形趋势西高东低，最高点位于西中部山头，地面高程1150.00m，最低点位于东部小车河谷，河谷高程1065.28m，场地最大高差达84.72m。

项目规划居住人口为4.5万人，依据地形和功能采用组团式布局：小区中部主体为都市型住宅区；东北部近车水路—规划路交汇处为酒店和居住区级综合商业中心，结合酒店入口广场及商业广场布置；西部周边山景坡地和谷地为特色景观住宅区；西北部为动迁安置住宅区。

4.2.2 主要技术经济指标

小区的主要经济技术指标见表4-1。

表 4-1 贵阳市山语城项目主要经济技术指标

项　目			单　位	数　量
规划范围总用地			公顷	93.32
规划建设用地			公顷	59.21
规划总建筑面积			万平方米	227.163
其中	规划地下建筑面积		万平方米	48.15
	规划地上建筑面积		万平方米	178.528
	其中	住宅建筑面积	万平方米	165.40
		商业建筑面积	万平方米	5.165
		其他公共服务建筑面积	万平方米	2.70
		酒店建筑面积	万平方米	3.60
		基础教育设施面积	万平方米	2.118
			万平方米	0.84
住宅总套数			户	14062.0
户均人口			人/户	3.20
规划总人数			万人	4.50
住宅建筑面积毛密度			万平方米/公顷	2.80

续　表

项　目	单　位	数　量
住宅建筑套密度（毛）	套/公顷	237.0
人口毛密度	人/公顷	760.0
容积率		3.0
建筑密度	%	18.0
绿地率	%	37.0
停车位	个	其中住宅组团15493 个停车位，社会公共停车位800 个
公共绿地面积	万平方米	7.2535
人均占有绿地面积（不含外围保护林地）	平方米/人	1.61

4.3　评估的准则

评价体系的设计必须有明确的指导思想，以对评估过程中的具体工作进行指导和规范，从而可保证评估结果能够客观地表征居住区生态文明建设的实际状况和水平。为此，需要一套明确、合理、适用的评估准则作支撑。山语城生态文明建设的评估准则可概括为以下三条：

第一，符合资源节约、环境友好与人文和谐的基本准则。

依据第 1 章研究结论所述，居住区生态文明建设包含物质文明、环境文明和精神文明三个方面，评价居住区的生态文明建设状况亦应以此内容而衡量。居住区物质文明建设的内涵就是在保障基本居住功能需求的前提下着力节约资源，即要求居住区在功能规划、建筑设计、施工建设和管理运行诸方面均尽可能地节能、节水、节材和节地，以保障人类社会的可持续发展。环境文明则要求居住区具有良好的室内和室外环境，在住区规划、景观设计、建筑和装修材料选择、施工过程和居民生活方式改善等方面尽可能从环境友好的角度出发，把保护环境、减少污染物危害、美化自然景观、和谐人与自然间的相依关系作为矢志追求的重要目标。精神文明建设的目的是为人们营造一个健康、安全、和谐的人文环境，以满足人们文化、教育、身心素养能够不断得以提高的需求。因此，资源节约、环境友好与人文和谐是评价居住区生态文明建设的基本准则。

第二，以国际先例和国内相关政策目标为指导的比较准则。

在生态住宅、绿色建筑评估的理论、方法和实践应用方面，国内外均已开展了卓有成效的研究，开发出了不同的评价体系，如美国的 LEED 体系、英国的 BREEAM 体系、日本的 CASBEE 体系，以及中国的《中国生态住区技术评估手册》和《绿色奥运建筑评估体系》等。这些评价体系依附不同国情和发展阶段的要求而各具特色，尽管尚不能完整地诠释居住区生态文明的内涵，但其先锋的生态和环保理念、较为完善的评估指标和方法体系可供山语城或其他居住区生态文明建设评价时充分地加以借鉴。同时，贵州省和贵阳市有关生态文明建设已出台了相应的政策文件，本着因地制宜的原则，山语城生态文明建设评估体系的构建应着力体现国内和地方政策的要求，以保障所做出的评价成果有助于该住区生态文明建设和供地方政府督导。

第三，坚持理论与实践、定性与定量相结合的评估准则。

理论源于实践，而又高于实践和须指导实践。尽管有关居住区生态文明的内涵和要义我们已从理论上进行了探讨和诠释，但却并不完整或束之于高阁。只有付诸实践，用于指导生态文明评价指标、方法体系的构建和开展具体项目的评估，才能产生实实在在的经济、社会效益，并进而丰富和完善相应的理论体系建设。这既是科学方法论的体现，也是评估工作的客观要求。

居住区的生态文明建设是一个综合而复杂的内容范畴和实践过程，需要运用多方面的指标进行整体表征；不仅需要对指标所处的状态进行描述，也需要对指标达到的程度进行计量。因此，只有采取定性和定量的综合判别，方能满足实践过程的客观需求。另则，囿于可得数据资料的限制，具体评价时也需要将一部分非关键的定量指标转化为定性指标，以满足评价结论的整体性把握。显然，定性和定量相结合是评估居住区生态文明建设的重要准则，亦是科学研究必须遵循的基本原则。[1]

4.4 评估的指标

4.4.1 指标选取的思路

从本书第 3 章 3.4 节国内外评估体系的比较分析中可以看出，国外的评估指标体系侧重于物质文明，而国内则是物质文明和环境文明指标并举。但因国情不同，物质文明类的指标亦不等同。另则，由于以生态住宅或绿色建筑为主题，因此在目前国内外的评估体系中均未涉及精神文明方面的指标设计。

本项研究设计居住区生态文明的指标体系，目的是通过对各项指标进行评价打分，以便能对居住区的生态文明建设做出较为科学的综合评估，且有助于探寻相应的对策方略。因此在指标设计出来后，还需要考虑指标的权重和评价标准等问题，以保证最终能获得可信赖的评估结果。从第 1 章对居住区生态文明内涵的论述和第 2 章有关目前生态住宅研究的概述中可以看出，居住区生态文明中的物质文明和环境文明恰好对应着生态住宅的主要内容，因此物质文明和环境文明指标的选取可以现有较权威的生态住宅评价体系为主要参考；进而结合物质文明和环境文明的内涵与特征要求，从中甄别、筛选出适量指标构成本评价体系的主要组成部分。由于所选指标均出自同一个评价体系，其权重判别和标准制定均可参考此评价体系，从而避免了后续评价体系构建中的不一致性。

另外，精神文明方面的指标主要依据其内涵需要而构建。关于社区的精神文明内容与建设方面，前人已有较多的研究，但如何在居住区生态文明的整体框架下对居住区精神文明进行评价却是一个较为新颖的课题。本项研究以前述住区生态文明的研究成果为重要基础，在居住区生态文明的内涵和框架下剖析居住区精神文明所应包含的内容，识别影响其建设水平的主要因素，从而筛选出能反映其内涵和特征的主要指标。

4.4.2　指标选取的原则

（1）目的性原则。建立评价指标体系是为了衡量居住区的规划、建筑设计和施工过程及住区管理方案等是否达到生态文明建设的要求，因此指标的设计和筛选须以此为基准。

（2）代表性原则。表征居住区生态文明的指标很多，不可能亦无必要全部采纳，只能选择那些能够凸显居住区生态文明特点的代表性指标作为评价指标，以使评价指标体系既简明可行，又能映像对象系统的本质特点。

（3）可比性原则。评价指标体系应能在时间和空间序列上对居住区生态文明的达到程度进行比较，以彰显其变化趋势要求和存在的差异，进而可提供适宜的改进方案和措施。

（4）科学性原则。选取的指标应是反映住区生态文明建设需求的各类状态变量的系列组合，因其非孤立存在，因而应辨清指标相互间的关系，以避免重复或有较大的相关性。

（5）可操作性原则。指标体系应力求简便、实用，入列的指标应易于观测或计算，所需的数据资料须易于获取。

4.4.3 指标选取过程

1. 物质文明指标和环境文明指标

本项研究的物质文明指标和环境文明指标主要是以现有的权威性生态住宅评价体系为参考蓝本，因此确定哪一个评价体系为具体参考对象对本评价体系的构建甚为关键。在本书第 3 章，共介绍了 6 套国内外较为权威的生态住宅评价体系，下面对这些评价体系的甄选过程逐一阐述。

首先，英国 BREEAM 体系、美国 LEED 体系以及日本 CASBEE 体系均是国外的评价体系，因国情有别，其指标的选择及打分标准不符合中国居住区建设的实际情况。因此，首先将这 3 套体系从考虑范围中排除。其次，《绿色住宅评价标准》中的评价条目虽然与本项研究中的物质文明内容较为吻合，但对环境文明的相关内容涉及较少，且各指标的权重未作明确说明。因此，该体系也不符本项研究的要求。再次，"绿色奥运建筑评估体系"主要是针对奥运场馆和园区开发出的绿色建筑评价体系，在指标选取和标准化评分中较居住区的评价体系要求更高，因此，此套评价体系也不宜直接用于居住区的相关评估。

《中国生态住区技术评估手册》（以下简称《手册》）是我国开发生态住区的专业指导性文件，目前已经修订出第四版，尽管仍尚存遗憾，但在建筑行业中颇具权威性。其规划设计阶段的评价指标共有 168 个，包括选址与住区环境、能源与环境、室内环境质量、住区水环境以及材料与资源等诸方面的内容，指标的数量及涵盖内容均较符合物质文明和环境文明的指标选择要求。在该《手册》中，每个指标的重要性均有表示，评价标准也较详细，从而为本项研究评价体系的后续构建提供了参考基础。因此，本项研究在物质文明和环境文明指标的选取中主要以该《手册》的相应内容作为重要依托。

对《手册》中的 168 个指标逐一分析可知，指标可分为定量指标和定性指标两类，可统称为内容性指标。定量指标均是对住区某方面较为重要的性能做出了级别划分，评价过程较为客观，是评价居住区生态文明的重要指标。定性指标可进一步细分为模糊规定型和具体要求型两类。模糊规定型指标一般是对居住区某方面做出目标规划，具体如何实施并未作说明；具体要求型指标则要求居住区应采取某类措施，在某方面须达到一定的效果。两类指标各有利弊，在筛选指标时应视具体情况择优录取。

通过对 168 个指标进行分类筛选，并剔除掉不属于物质文明和环境文明范畴的指标，可提取出 72 个内容指标。其中，物质文明指标 28 个（节能指标 4 个、节水指标 13 个、节材指标 6 个、节地指标 5 个），环境文明指标 44 个（水环境指标 12 个、气环境指标 5 个、声环境指标 10 个、景观环境指标 8 个、废弃物管理与处置系统指标 9 个）。这 72 个内容指标虽能表征居住区某方面较为重要的性能或表现，但由于该《手册》的指标框架与本项研究的指标分类相异，加之《手册》中一些指标存在交叉关联和重叠弊端，经重新归类后此现象更为明显，故对 72 个内容指标进一步整合，最终得出物质文明和环境文明指标共 52 个。其中，物质文明指标 23 个，环境文明指标 29 个，详见表 4-2、表 4-3。

表 4-2　物质文明指标

指标分类	内　容　指　标	说　　　明
节能指标	建筑主体节能率（φ）*	表征被评建筑物较参照建筑物的总体节能效率
	可再生能源利用率（σ）	表征建筑物可再生能源利用占总能耗的比重
	建筑冷热源能量转换效率（λ）**	表征建筑物空调采暖设备的节能效率
	输配系数（TDC）***	表征建筑物采用非人工设备获得运行所需冷热量的能力
节水指标	节水率（WCR）	表征住区节水的总体表现
	再生水利用率（WRR）	表征住区水资源循环利用能力
	水量平衡	从水资源规划角度衡量住区的节水表现
	污水处理与再利用	表征住区回用生活污水的能力
	雨水收集和利用方案	表征住区回用雨水的方案是否合理
	节水设备	表征住区是否在必要之处安装了节水设备
	再生水用水合理规划	表征住区再生水的用途分配是否合理
	利用住区的绿地、水景等净化雨水	表征住区利用湿地净化水质的能力
	灌溉节水	表征住区利用节水技术在绿化灌溉方面的节水量

续　表

指标分类	内　容　指　标	说　　明
节水指标	可回收、可再生和可再利用的建筑材料	表征项目所用建筑材料的环保性
	旧建筑材料的利用	表征项目对拆迁所产生建筑材料的处理方式
	就地取材率（Lm）	表征项目所用建筑材料中，当地材料所占的比例。
	采用绿色环保型建材装修	表征住区房屋装修是否选用对环境和人体无害的材料
	进行一次性装修	表征所采用房屋装修方式的节材程度
节水指标	废弃土地的利用	表征住区对废弃土地的再利用状况
	利用地下空间	表征住区以利用地下空间的形式节约土地的表现
	户型比例设置	表征住区规划面积和提供的房屋数量是否匹配
	竖向设计	表征住区在既有地形的基础上增加有效用地的能力
	地面停车位比例	表征住区对公共空间的有效利用状况

注：* 建筑主体节能率 $\varphi = (1 - \dfrac{Q_c + Q_h}{Q_{rc+} + Q_{rh}}) \times 100\%$

其中：Q_c——被评建筑全年耗冷量，GJ/m^2

Q_h——被评建筑全年耗热量，GJ/m^2

Q_{rc}——参照建筑全年耗冷量，GJ/m^2

Q_{rh}——参照建筑全年耗热量，GJ/m^2

** 能量转换效率（ECC）比当地规定的能量转换效率基准值（ECC_B）高出的百分比：$\lambda = (\dfrac{ECC}{ECC_B} - 1) \times 100\%$

*** $TDC = \dfrac{建筑和新风所需的全年总的冷热量}{\sum 全年各风机电耗 + \sum 全年各水泵电耗}$

表 4-3　环境文明指标

指标分类	内　容　指　标	说　明
水环境指标	对原有水体体系的利用	表征居住区规划是否考虑到原有水系
	分质供水	表征居住区供水方案的合理性
	生活污水处理	表征居住区所排放的污水对外界环境的影响
	再生水用水安全	表征居住区再生水水质是否达标
	透水铺装材料	表征居住区人工建筑对雨水渗透和径流的影响
气环境指标	规划布局	表征居住区建筑布局是否有利于空气流通
	住宅外门窗可开启面积与地面面积之比（η）	表征建筑设计对室内气环境的影响
	地下车库的通风设计	表征居住区地下车库空气流通状况
	污染源排放	表征居住区对各种大气污染源的控制能力
	非燃烧废弃物的排放	表征居住区对各种产生异味的废弃物的处理是否得当
声环境指标	住区环境噪声	表征各种噪声源对居住区声环境的综合影响
	隔离或降噪措施	表征居住区对降低小区外的噪声做出的努力
	居室合理布局	表征居住区建筑设计是否考虑到各室间的噪声影响
	噪声源和噪声敏感建筑物布置	表征居住区布局是否合理，可以有效降低噪声影响
	室内噪声	表征居室内噪声是否达标
	建筑隔声性能	表征建筑材料的隔声性能
景观环境指标	与城市空间和文化特色的融合	表征居住区整体景观水平
	物种的选择	表征住区生态系统的健康程度和宜人程度
	树种搭配	表征居住区树木搭配是否合理
	水景面积	表征居住区内水域景观是否与其他景观相协调
	人工湿地面积	表征居住区开发过程中新建的景观水域面积大小
景观环境指标	屋顶绿化、垂直绿化	表征居住区绿化方式的多样性
	室外照明	表征居住区光污染状况
	日照	表征建筑设计对居住采光的影响

续 表

指标分类	内 容 指 标	说 明
废弃物管理与处置系统指标	废弃物管理计划和措施	表征居住区是否有废弃物的综合管理方案
	建筑废弃物分类处理	表征居住区对建筑垃圾的处理方式
	住区内垃圾处理	表征居住区垃圾处理方式的科学性
	收集分类	表征居住区垃圾收集方式的科学性
	住区外垃圾处理	表征居住区的垃圾对外界的影响

2. 精神文明指标

居住区的精神文明指标须着力反映居住区内软环境方面的内容，是居住区以人为本理念的集中体现。本项研究通过查阅社区建设和管理领域的相关文献资料，总结得出较完整的居住区精神文明内涵主要包括生活便利、住区和谐与个人发展等3个方面的内容。[2][3]因此，本项研究将这3个方面作为居住区精神文明的第二层指标内容，在第二层指标的框架下挖掘居住区精神文明的第三层指标。

生活便利。居民在住区中生活，需要衣食住行的保障和各种服务的支撑。总结居住区中的各种服务，与居民日常生活密切相关的主要有医疗卫生服务、商业服务、金融邮电服务以及市政基础设施。[4][5]因此，本项研究以医疗卫生、商业服务、金融邮电和市政公用为内容构建生活便利下的第三层指标。

居住区和谐。居民生活于住区中，需要与他人交往，居住区的健康运行也需要进行科学管理，这些都是居住区和谐所关注的内容。居住区和谐对于提升居住区的吸引力、增强居民的凝聚力有着重要作用[6]，而提升居住区的和谐水平主要是依靠良好的住区管理，即通过加强社区的服务能力、完善社区的行政管理、强化社区的安全保障，使居民能在社区中幸福安居。[7]因此，本项研究以社区服务、事务管理和安全保障为内容来构建居住区和谐下的第三层指标。

个人发展。良好的居住区不仅要为居民提供舒适的生活和工作环境，也要为居民的能力发展和素质提高创造条件。一般说来，居住区中应该具有较完备的基础教育设施，以保证居民能够就近受到良好的教育；居住区中也应该提供较优良的体育、文化活动的平台，使居民能够有条件锻炼身体和愉悦心灵。[8]另外，居住区的规划设计和装饰中也要尽量地引入民俗文化元素，在陶冶居民情操的同时，也能避免居住区建设的"千城一面"。因此，本项研究以教育、文体和民族文化为内容构建个人发展下的第三层指标。居住区精神文明指标的具体情况见表4-4。

表 4-4　精神文明指标

指标分类	内容指标	说　明
生活便利指标	医疗卫生	表征居住区是否具有符合规格的医疗卫生建筑和设施
	商业服务	表征居民购买商品的便利程度
	金融邮电	表征居民日常生活的便利程度
	市政公用（含居民存车处）	表征居住区市政公共设施的完善程度
住区和谐指标	社区服务	表征居住区社会保障系统的完善程度
	事务管理	表征居住区管理机构和系统的完善程度
	安全保障	表征居住区物业保障系统的完善程度
个人发展指标	教育	表征居住区内是否具有符合规格的教育体系和建筑
	文体	表征居住区是否具有丰富的文化体育生活
	民族文化	表征居住区设计和装饰风格的人文美学价值

4.5　指标权重

4.5.1　权重确定思路

从本章 4.4 节的指标体系中可以看出，本评价体系的指标共有三层。第一层是文明系统层次，该层由物质文明系统、环境文明系统和精神文明系统等 3 部分组成。第二层是对每个文明系统进一步细化，其中物质文明系统划分为节能、节水、节材和节地等 4 个部分，环境文明系统划分为水环境、气环境、声环境、景观环境以及废弃物管理与处置系统等 5 个部分，精神文明系统分为生活便利、住区和谐和个人发展等 3 个部分。第三层是具体的指标层，是对居住区生态文明的具体内容进行定性定量表征。

指标权重的确定拟采取层层推进的方法。首先确定第一层三个文明系统的相对重要性，然后在每个文明系统的框架内确定第二层指标的权重 ω_1，最后在第二层指标的范围内确定第三层指标的权重 ω_2。每个指标在其文明子系统中的权重即为：$\omega_1 \times \omega_2$。

4.5.2 三个文明的相对权重

居住区生态文明分为物质文明、环境文明和精神文明三个方面的内容。物质文明主要是反映居住区在节约资源和能源方面的表现，环境文明则着力表征居住区物理环境的优劣，精神文明是衡量居住区在居民和谐、生活便利以及个人全面发展方面达到的程度。三者均是居住区生态文明建设不同侧面的集中体现，在解决资源日趋短缺、环境不断恶化和满足人们精神健康需求前提下具有同等重要的作用。因此，本项研究将三个文明系统在评估体系中的重要性视为等同，为了后续计算方便，将三个文明的权重都确定为1。

4.5.3 第二层指标权重

1. 物质文明第二层指标权重

物质文明的第二层指标共有4个，分别是节能、节水、节材和节地，其相对重要性剖析于下。首先，我国政府依据基本国情，从人与自然和谐发展、节约能源、有效利用资源和保护环境的角度，提出了发展"节能省地型住宅和公共建筑"，其核心内容是节能、节水、节材、节地与环境保护。可见，国家已将"四节"看作是生态住宅建设的4个重要方面。其次，2006年建设部编制的《绿色建筑评价标准》中对住宅建筑的评价主要有4个方面：节地与室外环境、节能与能源利用、节水与水资源利用、节材与材料资源利用。这4个方面在该标准中作为4个并列的评估内容，具有同等的重要作用。可见，目前关于"四节"的相对重要性已经有了较为统一的认识，即"四节"在生态住宅建设中同等重要。据此，可以认为节能、节水、节地和节材在居住区物质文明建设中也应该具有相同的重要性，因此本项研究将其权重均定为0.25。

2. 环境文明指标第二层权重

环境文明第二层指标包括水环境、气环境、声环境、景观环境和废弃物处置与管理系统等5个方面。这5个方面均是表征居住区物理环境的重要指标，但指标间的相对重要性如何尚需进一步分析。本项研究拟借鉴《手册》中对诸方面指标的重要性判断，确定其各自权重。《手册》中的指标虽不是按照这5

个方面进行分类，但指标的具体内容均有涉及。在本项研究过程中先将《手册》中属于这 5 类的指标整理归总，然后将每类指标应得的满分相加，每类指标的权重即为该类指标的得分除以 5 类指标的总分。借此，水环境、气环境、声环境、景观环境和废弃物处置与管理系统的得分分别是 49、33、38、47 和 35，五类指标的相应权重依次为 0.243、0.163、0.188、0.233 和 0.173。

3. 精神文明指标第二层权重

精神文明第二层的指标主要包括生活便利、住区和谐和个人发展等 3 个方面。生活便利反映了居民在住区生活的舒适性，住区和谐代表着住区良好的邻里关系和氛围，个人发展则是衡量住区中居民素质提升所具备的潜力和条件。这 3 条均是居住区以人为本的理念在不同侧面的集中体现，对于提升居住区的吸引力、增强居民的凝聚力和归属感均具有十分重要的意义。因此，这 3 个方面在居住区精神文明建设中也应具有同等重要地位，其内容指标权重均为 1/3，近似取值为 0.333。

4.5.4　第三层指标权重

1. 物质文明第三层指标权重

本项研究的物质文明指标主要借鉴《手册》中的评价指标，所选的每一内容指标在《手册》中都有其重要性的判定。这些指标的重要性判定均是由生态住宅领域内的众多专家共同制定出来的，具有较高的权威性。因此，物质文明第三层指标的权重将以《手册》中的权重判别为依据，制定出本评价体系的指标权重。

具体做法是首先整理出《手册》中对应指标的满分得分，这些指标的满分可以映示其相对重要性。然后将每个第二层指标下的一组第三层指标的满分进行归一化处理，即得出第三层指标的权重值。以节能指标为例，节能指标下共有 4 个三级指标为建筑主体节能、可再生能源利用、建筑冷热源能量转换效率和输配系数，其满分得分分别为 40、5、10 和 5。对这组得分作归一化处理后得 0.667、0.083、0.167 和 0.083，即分别为 4 个指标的第三层权重。运用相同的计算方法，可得物质文明所有指标的第三层权重，见表 4-5。

表 4-5　物质文明指标第三层权重

指标分类	内　容　指　标	满分得分	第三层权重（ω_2）
节能指标	建筑主体节能率（φ）	40	0.667
	可再生能源利用率（σ）	5	0.083
	建筑冷热源能量转换效率（λ）	10	0.167
	输配系数（TDC）	5	0.083
节水指标	节水率（WCR）	6	0.222
	再生水利用率（WRR）	4	0.148
	水量平衡	3	0.111
	污水处理与再利用	3	0.111
	雨水收集和利用方案	2	0.074
	节水设备	3	0.111
	再生水用水合理规划	3	0.111
	利用住区的绿地、水景等净化雨水	2	0.074
	灌溉节水	1	0.037
节材指标	可回收、可再生和可再利用的建筑材料	10	0.250
	旧建筑材料的利用	5	0.125
	就地取材率（Lm）	10	0.250
	采用绿色环保型建材装修	10	0.250
	进行一次性装修	5	0.125
节地指标	废弃土地的利用	2	0.182
	利用地下空间	3	0.273
	户型比例设置	2	0.182
	竖向设计	2	0.182
	地面停车位比例	2	0.182

2. 环境文明指标第三层权重

与物质文明指标类似，环境文明第三层指标也是以《手册》为主要参考制定出来的。因此，其权重的确定方法与物质文明指标一样，环境文明指标第三层权重的计算结果见表 4-6。

表 4-6　环境文明指标第三层权重

指标分类	内　容　指　标	满分得分	第二层权重（ω_2）
水环境指标	对原有水体体系的利用	3	0.143
	分质供水	4	0.190
	生活污水处理	9	0.429
	再生水用水安全	3	0.143
	透水铺装材料	2	0.095
气环境指标	规划布局	3	0.188
	住宅外门窗可开启面积与地面面积之比（η）	5	0.385
	地下车库的通风设计	3	0.313
	污染源排放	3	0.188
	非燃烧废弃物的排放	2	0.125
声环境指标	住区环境噪声	2	0.067
	隔离或降噪措施	2	0.067
	居室合理布局	4	0.133
	噪声源和噪声敏感建筑物布置	12	0.400
	室内噪声	5	0.167
	建筑隔声性能	5	0.167
景观环境指标	与城市空间和文化特色的融合	3	0.158
	物种的选择	3	0.158
	树种搭配	4	0.308
	水景面积	1	0.053
	人工湿地面积	2	0.105
	屋顶绿化、垂直绿化	2	0.105
	室外照明	2	0.105
	日　照	2	0.105
废弃物管理与处置系统指标	废弃物管理计划和措施	2	0.071
	建筑废弃物分类处理	2	0.071
	居住区内垃圾处理	6	0.214
	收集分类	8	0.286
	居住区外垃圾处理	10	0.357

3. 精神文明指标第三层权重

精神文明指标的选取方式与物质文明和环境文明不同，因此其权重确定过程不能照搬上述两个文明的处理方法。精神文明的 10 个内容指标是支撑居住区安全、健康、高效运行的基础，其中任何一个表现不佳都会对居住区的精神文明品质产生较大的影响。比如：在生活便利的指标中，医疗卫生、商业服务、金融邮电和市政公用这 4 个方面都与居民的日常生活息息相关，任何一个方面的缺失均会对居民的生活带来不便。此外，这几个内容指标均具有较高的独立性，不能用其中一个指标的优越表现来弥补另一指标的不足。因此，本项研究将这 4 个内容指标的重要性视为等同，将其第三层权重约定为 0.250。同样，居住和谐与个人发展的 6 个指标对居民的幸福安居和素质提升亦均具同样重要的影响，其权重分别近似取值 0.333。精神文明指标第三层权重的总体情况见表 4-7。

表 4-7　精神文明指标第三层权重

指标分类	内容指标	第三层权重（ω_2）
生活便利指标	医疗卫生	0.250
	商业服务	0.250
	金融邮电	0.250
	市政公用（含居民存车处）	0.250
住区和谐指标	社区服务	0.333
	事务管理	0.333
	安全保障	0.333
个人发展指标	教育	0.333
	文体	0.333
	民族文化	0.333

4.5.5　指标最终权重

依据上述三种文明所属指标体系在不同层次权重的确定方法，即可计算出每个指标在其文明子系统的最终权重，分别见表 4-8、表 4-9 和表 4-10。

表 4-8　物质文明指标最终权重

指标分类 ω_1	内 容 指 标	第三层权重 （ω_2）	最终权重 （$\omega_1 \times \omega_2$）
节能指标 0.250	建筑主体节能率（φ）	0.667	0.168
	可再生能源利用率（σ）	0.083	0.021
	建筑冷热源能量转换效率（λ）	0.167	0.042
	输配系数（TDC）	0.083	0.021
节水指标 0.250	节水率（WCR）	0.222	0.056
	再生水利用率（WRR）	0.148	0.037
	水量平衡	0.111	0.028
	污水处理与再利用	0.111	0.028
	雨水收集和利用方案	0.074	0.019
	节水设备	0.111	0.028
	再生水用水合理规划	0.111	0.028
	利用住区的绿地、水景等净化雨水	0.074	0.019
	灌溉节水	0.037	0.009
节材指标 0.250	可回收、可再生和可再利用的建筑材料	0.250	0.063
	旧建筑材料的利用	0.125	0.031
	就地取材率（Lm）	0.250	0.063
	采用绿色环保型建材	0.250	0.063
	进行一次性装修	0.125	0.031
节地指标 0.250	废弃土地的利用	0.182	0.046
	利用地下空间	0.273	0.068
	户型比例设置	0.182	0.046
	竖向设计	0.182	0.046
	地面停车位比例	0.182	0.046

表 4-9　环境文明指标最终权重

指标分类 ω_1	内 容 指 标	第三层权重 （ω_2）	最终权重 （$\omega_1 \times \omega_2$）
水环境指标 0.243	对原有水体体系的利用	0.143	0.035
	分质供水	0.190	0.046
	生活污水处理	0.429	0.104
	再生水用水安全	0.143	0.035
	透水铺装材料	0.095	0.023
气环境指标 0.163	规划布局	0.188	0.031
	住宅外门窗可开启面积与地面面积之比（η）	0.385	0.063
	地下车库的通风设计	0.313	0.051
	污染源排放	0.188	0.031
	非燃烧废弃物的排放	0.125	0.020

指标分类 ω_1	内　容　指　标	第三层权重 （ω_2）	最终权重 （$\omega_1 \times \omega_2$）
声环境指标 0.188	居住区环境噪声	0.067	0.013
	隔离或降噪措施	0.067	0.013
	居室合理布局	0.133	0.025
	噪声源和噪声敏感建筑物布置	0.400	0.075
	室内噪声	0.167	0.031
	建筑隔声性能	0.167	0.031
景观环境指标 0.233	与城市空间和文化特色的融合	0.158	0.037
	物种的选择	0.158	0.037
	树种搭配	0.308	0.072
	水景面积	0.053	0.012
	人工湿地面积	0.105	0.024
	屋顶绿化、垂直绿化	0.105	0.024
	室外照明	0.105	0.024
	日照	0.105	0.024
废弃物管理与处置系统指标 0.173	废弃物管理计划和措施	0.071	0.012
	建筑废弃物分类处理	0.071	0.012
	居住区内垃圾处理	0.214	0.037
	收集分类	0.286	0.049
	居住区外垃圾处理	0.357	0.062

表 4-10　精神文明指标最终权重

指标分类 ω_1	内　容　指　标	第三层权重 （ω_2）	最终权重 （$\omega_1 \times \omega_2$）
生活便利指标 0.333	医疗卫生	0.250	0.083
	商业服务	0.250	0.083
	金融邮电	0.250	0.083
	市政公用（含居民存车处）	0.250	0.083
住区和谐指标 0.333	社区服务	0.333	0.111
	事务管理	0.333	0.111
	安全保障	0.333	0.111
个人发展指标 0.333	教育	0.333	0.111
	文体	0.333	0.111
	民族文化	0.333	0.111

4.6　评估的标准

4.6.1　评估标准的确定思路

首先，确立物质文明和环境文明指标的取值标准。鉴于本项研究在这两个文明系统的指标选取和权重确定方面均是以《手册》中的相关内容为参考的，为了保持评价体系的一致性，在评分标准上也以《手册》为制定依据。另外，《手册》中的评分标准是众多专家集体研究的结果，具有较高的权威性，以其为参考也是较为妥当的。

其次，确立精神文明的评价标准。因国内外现有的评估体系以生态住宅、绿色建筑为主题，而未将精神文明指标纳入其评价体系。此次从生态文明的角度来评估山语城建设，在发展需要和内涵上拓展了住区建设的内容要求，更符合时代特征和科学发展观的本质要求。然而，囿于现有基础和时间所限，围绕精神文明建设开发出一套新的评价标准颇有难度，因此本项研究是以《城市居住区规划设计规范》（GB 50180—93）的相关指标值作为参考蓝本，设计出山语城居住区精神文明建设的评估标准。

最后，尚需针对评估对象的基本状况进行深入分析和微调。不同地域居住区生态文明的建设不可能脱离客观条件的限制和需要，按全国全省乃至全市同一标准来评判。因此，应结合当地的实际状况，通过比较分析确立居住区生态文明建设应达到的标准，然后适当提高或调低一些指标的评价标准，以确保评价结果的科学性和合理性。

4.6.2　居住区生态文明评估标准

物质文明、环境文明和精神文明在居住区生态文明建设中具有同等重要的作用，为了便于计算和评价结果的表示，本评价将三类文明的指标满分均设定为100分。根据上述评价标准的确定思路，对每个指标进行详细的分析和考量，得出了居住区生态文明建设的评估标准，分别见表 4-11、表 4-12 和表4-13。为了便于后续的打分和评估，将每个指标的满分设为 10 分，指标最后的得分为标准得分与权重之积；每个文明子系统的得分为指标总得分率乘以 100。

表 4-11　物质文明指标评估标准

指　　标		评　分　标　准	得　分
节能指标	建筑主体节能率（φ）：以建筑全年耗热量、耗冷量低于参照建筑的百分比作为评价指标。	$\varphi=0$	0
		$0<\varphi<10\%$	4
		$10\%\leqslant\varphi<20\%$	6
		$20\%\leqslant\varphi<30\%$	8
		$\varphi\geqslant30\%$	10
	可再生能源利用率（σ）	$\sigma<10\%$	0
		$10\%\leqslant\sigma<30\%$	3
		$30\%\leqslant\sigma<40\%$	6
		$\sigma\geqslant40\%$	10
	建筑冷热源能量转换效率（λ）：能量转换效率（ECC）比当地规定的能量转换效率基准值（ECC_B）高出的百分比。	$\lambda<15\%$	4
		$15\%\leqslant\lambda<30\%$	6
		$30\%\leqslant\lambda<45\%$	8
		$\lambda\geqslant45\%$	10
	输配系数（TDC）：按照输配系统的形式、风机水泵选型及控制调节策略条件下，空调水系统和风系统单位耗电量下所能输配的冷热量。	$TDC<4.0$	0
		$4.0\leqslant TDC<5.5$	2
		$5.5\leqslant TDC<7.0$	4
		$7.0\leqslant TDC<8.5$	6
		$8.5\leqslant TDC<10.0$	8
		采用分户独立系统或$TDC\geqslant10$	10
节水指标	节水率（WCR）：[（总用水量定额值－自来水用量实际值）/总用水量定额值]×100%	$WCR<15\%$	2
		$15\%\leqslant WCR<25\%$	4
		$25\%\leqslant WCR<35\%$	7
		$35\%\leqslant WCR\leqslant50\%$	10
	再生水利用率（WRR）：（再生水利用量/污水总量）×100%	$WRR<20\%$	0
		$20\%\leqslant WRR<30\%$	5
		$30\%\leqslant WRR<40\%$	10
	水量平衡	未制定合理的水量平衡方案	0
		按照高质高用、低质低用的用水原则，制定了合理的水量平衡方案	10

续　表

指　　标		评　分　标　准	得　分
节水指标	污水处理与再利用	未制订污水处理与再利用方案	0
		制订了污水处理方案，但无再利用相关设计	3
		制订了污水处理与再利用方案，但并未依次实施	6
		制订了污水处理与再利用方案，并且运行良好	10
	雨水收集和利用方案：结合当地气候条件和住区地形、地貌，合理规划雨水收集和利用方案。	不符合要求	0
		基本符合要求	5
		完全符合要求	10
	节水设备：采用国家推荐的新技术、新设备及高效低耗的节水设备。	不符合要求	0
		基本符合要求	5
		完全符合要求	10
	再生水用水合理规划：按照景观用水、绿化用水、洗车用水、地下水补给等目标对再生水用水进行合理规划。	不符合要求	0
		基本符合要求	5
		完全符合要求	10
	利用住区的绿地、水景等净化雨水，使其满足用水对象的要求。	不符合要求	0
		基本符合要求	5
		完全符合要求	10
	灌溉节水	未采用任何高效灌溉技术，如微灌、渗灌、低压管灌等技术	0
		采用高效灌溉技术，并比传统方法节水达 10% 以上	5
		采用高效灌溉技术，并比传统方法节水 30% 以上	10
节材指标	可回收、可再生和可再利用的建筑材料	未使用可回收、可再生和可再利用的建筑材料	0
		使用可回收、可再生和可再利用的建筑材料	10

续　表

指　标		评　分　标　准	得　分
节材指标	旧建筑材料的利用	未利用旧建筑材料	0
		对拆除的旧建筑中可再利用的材料进行分类处理，加以利用或折价进入市场	10
	就地取材率（L_m）：距施工现场 500km 以内生产的建筑材料用量 t_1（t）与建筑材料总用量 T_m 的比例 L_m	$L_m < 20\%$	2
		$20\% \leqslant L_m \leqslant 30\%$	4
		$30\% < L_m \leqslant 50\%$	7
		$L_m > 50\%$	10
	采用绿色环保型建材装修	不符合要求	0
		基本符合要求	5
		完全符合要求	10
	进行一次性装修	不符合要求	0
		基本符合要求	5
		完全符合要求	10
节地指标	废弃土地的利用	未利用废弃土地	0
		在健康安全评估的前提下，使用废弃土地进行改良、开发	10
	利用地下空间	未开发利用地下空间	0
		地下空间利用较少	5
		充分开发利用地下空间，如利用地下空间作公共活动场所、停车库或储藏室等用途	10
	户型比例设置	大户型比例过高	0
		提高中、小户型比例，利用有限的土地资源解决更多的居住人口	10
	竖向设计	未制定土方输入输出计划	0
		土方输入输出计划较为粗略	5
		在住区规划做好竖向设计，减少土方输入、输出，尽量就地平衡	10
	地面停车位比例	机动车地面停车位占停车位总数的比例高于 30%	0
		机动车地面停车位占停车位总数的比例符合当地规定，低于 30%	10

表 4-12　环境文明指标评估标准

指　　标		评　分　标　准	得　分
水环境指标	对原有水体体系的利用	破坏原有水体水系	0
		尽可能保持和利用原有水体体系	10
	分质供水	未按照高质高用、低质低用的用水原则，实现分质供水	0
		按照高质高用、低质低用的用水原则，实现分质供水	10
	生活污水处理	未制定生活污水处理方案	0
		①对不能接入市政排水系统的生活污水进行单独处理，并合理回用或达标排入受纳水体 ②靠近城市污水集中处理系统的住区，生活污水可与城市污水一同处理	3
		采用生态处理方式进行污水再生处理	7
		选用无污泥或少污泥污水处理系统，结合绿化等措施合理规划污泥处理处置方案	10
	再生水用水安全	未设置保障再生水用水安全相关措施，或再生水水质不符合目标水质标准要求	0
		制定再生水用水安全措施，水质达标，再生水供水系统安全、可靠	10
	透水铺装材料：公共活动场地、人行道路、露天停车场等的铺地材料，采用透水铺装材料，面积不小于30%。	不符合要求	0
		基本符合要求	5
		完全符合要求	10

续 表

指 标		评 分 标 准	得 分
气环境指标	规划布局	规划布局不合理，建筑布局不利于空气流通	0
		合理规划设计，避免不利于空气流通的建筑布局	10
	住宅外门窗可开启面积与地面面积之比（η）	$5\% \leqslant \eta < 8\%$	4
		$8\% \leqslant \eta < 10\%$	6
		$\eta \geqslant 10\%$	10
	地下车库的通风设计	通风设计不合理	0
		具有科学的通风设计，设备运转良好	10
	污染源排放	污染源排放超标	0
		减少住区分散污染源排放的污染物，汽车、抽油烟机、壁挂炉等的排放不超标，并有利于扩散	10
	非燃烧废弃物的排放	露天燃烧，未对其污染物的排放进行有效治理和控制	0
		对其他非燃烧废弃物的排放进行治理和控制	10
声环境指标	居住区环境噪声：居住区环境噪声应符合《城市区域噪声标准》的要求	不符合要求	0
		基本符合要求	5
		完全符合要求	10
	隔离或降噪措施：采用适当的隔离或降噪措施，降低住区外界的各种噪声影响	不符合要求	0
		基本符合要求	5
		完全符合要求	10
	居室合理布局：合理布置产生噪声的厨房、卫生间的位置，减少其对居住空间的干扰不符合要求	不符合要求	0
		基本符合要求	5
		完全符合要求	10

续　表

指　标		评　分　标　准	得　分
声环境指标	噪声源和噪声敏感建筑物布置：合理布置住区内部的噪声源和噪声敏感建筑物，并采取消声降噪措施	不符合要求	0
		基本符合要求	5
		完全符合要求	10
	室内噪声：卧室、书房和起居室内噪声级符合标准	不符合要求	0
		基本符合要求	5
		完全符合要求	10
	建筑隔声性能：合理选择建筑构件，保障建筑隔声性能	不符合要求	0
		基本符合要求	5
		完全符合要求	10
景观环境指标	与城市空间和文化特色的融合	无相关规划或设计	0
		规划和建筑设计尊重周围的城市空间和文化特色，建筑风格、建筑高度等要与周围环境相协调	10
	物种的选择	未选择适合当地生长的物种	0
		选择适合当地生长的物种不多	5
		选择适合当地生长的物种较多	10
	树种搭配	树种搭配不合理	0
		树种搭配较合理	5
		树种搭配合理，注重生物多样性	10
	水景面积	水景面积过小	0
		水景面积适当，与可供补水量相适应	10
	人工湿地面积	<水景面积的 10%	0
		≥水景面积的 10%，因地制宜选择湿地动植物种类	10
	屋顶绿化、垂直绿化	无屋顶、垂直绿化设计	0
		有屋顶、垂直绿化设计，但绿化面积<绿化总面积的 20%	5
		有屋顶、垂直绿化设计，且绿化面积≥绿化总面积的 20%	10

续　表

指　标		评　分　标　准	得　分
景观环境指标	室外照明	室外照明未达基本要求，或产生光污染	0
		室外照明满足基本要求，无光污染	10
	日照	难以保证必要的日照要求	0
		起居室和卧室可获得充足的日照	10
废弃物管理与处置系统指标	废弃物管理计划和措施	未明确废弃物管理计划和相关措施	0
		制定专门的施工废弃物管理计划书和实施措施	10
	建筑废弃物分类处理	未进行废弃物分类	0
		废弃物的存放、储运至最终处理中应坚持分类原则	10
	住区内垃圾处理	垃圾处理不规范	0
		以《城市生活垃圾处理和污染防治技术政策》等文件为指导，规范垃圾处理	10
	收集分类	未实行垃圾分类收集，集中密闭化清运	0
		实行垃圾分类收集，集中密闭化清运	10
	住区外垃圾处理	没有专门针对有机垃圾处理的设备和措施	0
		采用有机垃圾生化处理设备、压缩设备，实现有机垃圾减量化、无害化	10

表 4-13　精神文明指标评估标准

指　　标		评　价　标　准
生活便利	医疗卫生	建筑面积 78～198m²/千人 用地面积 138～378m²/千人
	商业服务	建筑面积 700～910m²/千人 用地面积 700～910m²/千人
	金融邮电	建筑面积 20～30m²/千人 用地面积 25～50m²/千人
	市政公用（含居民存车处）	建筑面积 40～150m²/千人 用地面积 70～360m²/千人
住区和谐	社区服务	建筑面积 59～464m²/千人 用地面积 76～668m²/千人
	行政管理	建筑面积 46～96m²/千人 用地面积 37～72m²/千人
	安全保障	物业保安配置能满足居民需求，人防设计满足国家相关标准
个人发展	教　育	建筑面积 600～1200m²/千人 用地面积 1000～2400m²/千人
	文　体	建筑面积 125～245m²/千人 用地面积 225～645m²/千人
	民族文化	小区景观和装饰设计中应体现民族特色

　　精神文明指标的评价标准，主要是根据《城市居住区规划设计规范》（GB 50180—93）中对各种功能建筑面积标准的规定来确定。一般来说，居住区中软环境配套设施越齐全，其精神文明达到的水平亦会越高。因此，配套设施的建筑标准也能在一定程度上反映居住区精神文明的建设成就。由于《城市居住区规划设计规范》中仅仅对建筑标准作了粗略的规定，未详细划分等级，因此在进行打分时，还需要根据评估对象的总体情况酌情判别。

4.7 山语城生态文明建设评估过程与结果

4.7.1 评估方法与过程

1. 评估方法

根据上述评价指标体系和评价标准，本项目拟选用以下两种方法对山语城生态文明建设方案进行评价。

（1）直接打分法。根据所能收集到的山语城各项数据资料，按上述标准对每个指标分别打分，然后将各个指标的分值累加，即得到山语城在物质文明、环境文明和精神文明等方面的评价得分。再将三部分的得分相加，即是山语城生态文明建设现时规划、建筑设计、施工和管理措施等方案综合评价的总得分。为了便于数据处理和结果显示，将所得的分数化为百分制，并对得分范围进行区间划分：（0，20）、（20，40）、（40，60）、（60，80）和（80，100），分别对应着生态文明建设综合状况的差、较差、中等、较好和好。当总得分处于好的区间范围内，则可认为居住区生态文明建设较完美地达到要求；处于较好的区间范围内，可认为居住区生态文明建设方案基本达到要求；处于中等或以下的区间范围内，则可认为住区的规划、建筑设计等方案还存在或多或少的缺陷，暂不满足居住区生态文明建设的要求。

（2）Q-L打分法。Q-L打分法是在协调环境消耗和居住享受矛盾的基础上衍生出来的一种评价方法。生态文明居住宅区希望消耗最少的能源和资源，给环境和生态带来的影响最小，同时为居住和使用者提供舒适的建筑环境与良好服务，这本身就是一个既对立又统一的矛盾的过程。以大量的能源消耗和破坏环境的代价所获得的舒适性"豪华建筑"，不符合生态文明建设的要求；而放弃舒适性，回到原始的茅草屋中，虽然不消耗或甚少消耗能源和资源，却不是生态文明住区所提倡或实践上可行的。因此，在评估体系中节省能源、资源和保护环境的指标与室内舒适性、服务水平的指标不能相互强化或抵消。为此，我们参考了日本的 CASBEE 评价体系，在具体评分时把评估指标分为 Q 和 L 两类：Q（Quality）指建筑环境质量和为使用者提供服务的水平；L（Load）指能源、资源和环境负荷的付出。追求最小的 L 而获取最大的 Q，则是住宅区生态文明建设的本征需要。

　　根据 Q 类指标和 L 类指标的划分标准，在本章 4.4.3 一节中所列的评价指标体系里除节地以外的物质文明指标可以归为 L 类指标，精神文明指标可以归为 Q 类指标，而环境文明指标可根据指标指向分别归类，具体的分类结果可参见表 4-8、表 4-9、表 4-10。

　　将 Q 类指标和 L 类指标所得的分分别累加，得到两类指标的总得分，并将总得分转化为 5 分制的得分。然后如图4-2所示，用两维的表述方式描绘所评项目的"生态文明性"。当评估结果处于图中 A 区时，表示该项目通过较少的资源、能源消耗和环境付出，就可获得优良的建筑建设品质，是较佳的生态文明住区。B 区、C 区虽属生态文明住区，但资源消耗较大，或建筑建设品质略低。D 区则系资源、能源高消耗，但建筑建设品质并不太高。E 区则是以甚多的资源、能源消耗和环境付出，却获得低劣的建筑建设品质，这是我们必须设法避免的。[9]

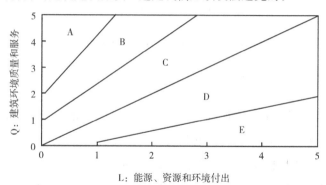

图 4-2　Q－L 打分法分级标准

　　（3）两种打分方法关系分析。从上文表述中可以看出，两种打分方法在机理和出发点上存在较大的不同。直接打分法机理较为简单，主要是对得分结果进行数学意义上的等级划分，使人们能对评价结果有一个直观的认识。Q－L 打分法则是以建筑环境效率为出发点，评判建筑的绿色性价比，使人们能对建筑的"环境投入产出"做出清晰的判断。从 Q 类指标和 L 类指标的划分结果中可以看出，两类指标的分布存在交错，这就导致了两种打分方法的评价结果并不严格对应，而是从不同角度进行相互验证。

　　如图 4-3 所示，居住区生态文明总体得分的等值线在Q－L打分坐标上是一系列斜率大于其对角线的平行线①，图上用虚线表示。比照图 4-2 不难发现，

　　① 此结论是用数学方法推导出来的，推导过程在此省略。

相同的生态文明得分一般可以跨越 2～3 个 Q—L 打分等级。而从经济技术和生态环境的综合方面考虑，人们往往倾向于选择投入产出平衡的方案。因此，图 4-3 上以对角线为中心的纺锤形区域是较为理想的结果[①]，在该区域内的建筑能够取得能源、资源和环境付出与建筑环境质量和服务的较好平衡。

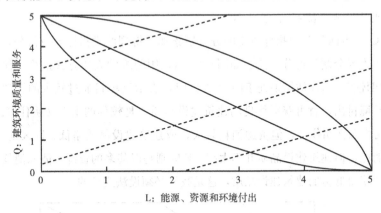

图 4-3　两种打分方法关系说明

2. 评估过程

（1）数据来源。本案例评价的数据来源主要有：贵州中泓房地产开发有限公司委托中国水电顾问集团昆明勘测设计研究院提交的《山语城环境影响报告书》，北京伟业通天下房地产顾问有限公司完成的《2006—2008 上半年贵阳房地产市场报告》，国际怡境景观设计有限公司做出的《贵阳山语城居住区景观概念设计》，贵阳山语城项目组提供的《贵阳市总规成果图（1996—2010）》和《贵阳山语城居住区项目详细规划设计》，以及我们课题组经多途径收集的部分数据资料。

（2）打分过程及结果。对所获取的数据资料进行整理，发现所掌握的数据尚难以对山语城生态文明的全部指标进行完整评估。多方搜寻后仍有 9 个指标没有数据，2 个指标有部分数据。其主要原因是部分指标数据难以获取，部分定量指标仅有定性描述。为了使评估结果尽量完整，需要将部分定量指标转化为定性指标进行打分，即将物质文明指标中的建筑节能率和可再生能源利用率这 2 个定量指标转化为可用得分率表征的定性指标。而 9 个指标没有相应数据

---

① 此条结论虽未经过严格推导，但由常识可知，平衡的区域应该是以对角线为中心的对称区域。区域的大小可能会和图示有出入，这里仅是对其进行定性描述。

或资料，有可能是在建筑设计方案中缺乏相关的设计，或者因提交的规划报告忽略所致，故只能将其指标得分定为 0 分。打分的具体过程和结果分别见表 4-14、表 4-15、表 4-16。

表 4-14　物质文明指标评分过程及结果

指标＼项目		指标类型	数据表现	标准打分	权重	最终得分
节能指标	建筑主体节能率（φ）	L 类指标	未提供总的节能率，但采取了较多节能措施	7	0.168	1.176
	可再生能源利用率（σ）	L 类指标	对太阳能进行了一定的利用	3	0.021	0.063
	建筑冷热源能量转换效率（λ）	L 类指标	表现较差	4	0.042	0.168
	输配系数（TDC）	L 类指标	未提供数据	0	0.021	0
节水指标	节水率（WCR）	L 类指标	规划节水率 30%	7	0.056	0.392
	再生水利用率（WRR）	L 类指标	规划再生水利用率 30%	10	0.037	0.37
	水量平衡	L 类指标	制订了较为完善的水量平衡方案	10	0.028	0.28
	污水处理与再利用	L 类指标	制订了污水处理与再利用方案	10	0.028	0.28
	雨水收集和利用方案	L 类指标	小区内部各台地建立独立的雨水收集系统	10	0.019	0.19
	节水设备	L 类指标	采用了一些节水设备	5	0.028	0.14
	再生水用水合理规划	L 类指标	对绿化用水、景观用水作了规划	5	0.028	0.14
	利用住区的绿地、水景等净化雨水	L 类指标	利用人工湿地进行了一定的雨水净化	5	0.019	0.095
	灌溉节水	L 类指标	未提供数据	0	0.009	0

指标 项目		指标类型	数据表现	标准打分	权重	最终得分
节材指标	可回收、可再生和可再利用的建筑材料	L类指标	未提供数据	0	0.063	0
	旧建筑材料的利用	L类指标	对产生的建筑废料回填地下或分类运输	10	0.031	0.31
	就地取材率（Lm）	L类指标	测算结果约为30%	7	0.063	0.441
	采用绿色环保型建材装修	L类指标	采用的建材无污染	5	0.063	0.315
	进行一次性装修	L类指标	最终产品为毛坯房，无装修工序	0	0.031	0
节地指标	废弃土地的利用	Q类指标	项目选用废弃工厂、采石场的土地	10	0.046	0.46
	利用地下空间	Q类指标	变电站拟结合底库和地面集中绿地建设为地下形式	10	0.068	0.68
	户型比例设置	Q类指标	户型设计"紧凑合理"90平方米以下户型面积占到住宅总建筑面积的70%	10	0.046	0.46
	竖向设计	Q类指标	合理利用地形	5	0.046	0.23
	地面停车位比例	Q类指标	未提供数据	0	0.046	0

表 4-15　环境文明指标评分过程及结果

指标 项目		指标类型	数据表现	标准打分	权重	最终得分
水环境指标	对原有水体体系的利用	L类指标	对原有水系保存较好	10	0.038	0.38
	分质供水	Q类指标	未提供数据	0	0.051	0
	生活污水处理	L类指标	污水经处理达标后排放，进入南明河截污沟	7	0.115	0.805
	再生水用水安全	L类指标	再生水主要用于小区绿化	10	0.038	0.38
	透水铺装材料		未提供数据	0	0.023	0

指标 项目		指标类型	数据表现	标准打分	权重	最终得分
气环境指标	规划布局	Q 类指标	高层建筑点式布置,保证了空间的灵动和空透性	10	0.031	0.31
	住宅外门窗可开启面积与地面面积之比(η)	Q 类指标	根据建筑设计图,约为 8% 左右	6	0.063	0.378
	地下车库的通风设计	Q 类指标	天窗实现地下车库采光通风	10	0.051	0.51
气环境指标	污染源排放	L 类指标	减少无组织排放对周围环境的影响	10	0.031	0.31
	非燃烧废弃物的排放	L 类指标	油烟废气经净化后应由建筑物内预设的内壁式专用烟道进行排放	10	0.020	0.2
声环境指标	住区环境噪声	Q 类指标	符合要求	10	0.013	0.13
	隔离或降噪措施	Q 类指标	在小区南面、西面靠铁路沿线一侧设置绿化林带以及 4m 的声障墙	10	0.013	0.13
	居室合理布局	Q 类指标	电梯室和卧室隔开	5	0.025	0.125
	噪声源和噪声敏感建筑物布置	Q 类指标	利用地下室来屏蔽车库噪声;考虑到区域整体的协调性和降噪要求,风机房、水泵房均设置在地下,利用地面来屏蔽噪声	10	0.075	0.75
	室内噪声	Q 类指标	符合要求	10	0.031	0.31
	建筑隔声性能	Q 类指标	建造隔声墙,砖墙内填充隔声材料,加强隔声效果;双层玻璃隔音墙	5	0.031	0.155
景观环境指标	与城市空间和文化特色的融合	Q 类指标	整个小区建筑形象独特,轻巧	10	0.037	0.37
	物种的选择	Q 类指标	乡土化的绿化设计方法适地适树	10	0.037	0.37
	树种搭配	Q 类指标	小区绿化要选择常绿、花期长的树种	5	0.072	0.36
	水景面积	Q 类指标	带状水系	10	0.012	0.12

续　表

指　标 项　目		指标类型	数据表现	标准打分	权重	最终得分
景观环境指标	人工湿地面积	Q类指标	未提供数据	0	0.024	0
	屋顶绿化、垂直绿化	Q类指标	注意平面绿化和垂直绿化相结合	5	0.024	0.12
	室外照明	Q类指标	外墙等不会产生反光	10	0.024	0.24
	日　照	Q类指标	保证居住建筑的居室在大寒日满窗日照不少于1小时	10	0.024	0.24
废弃物管理与处置系统指标	废弃物管理计划和措施	L类指标	垃圾收集站依据《城市垃圾管理与处理技术标准规范》进行设计；建筑垃圾废料运到指定建筑固废填埋场	10	0.012	0.12
	建筑废弃物分类处理	L类指标	建筑废弃物分类收集、运输	10	0.012	0.12
	住区内垃圾处理	L类指标	处置较为妥当	10	0.037	0.37
	收集分类	L类指标	生活垃圾环卫部门定期收集；医疗垃圾由贵阳市特种垃圾处理场统一收集	10	0.049	0.49
	住区外垃圾处理	L类指标	未提供数据	0	0.062	0

表 4-16　精神文明指标评分过程及结果

指　标 项　目		指标类型	数据表现	标准打分	权重	最终得分
生活便利指标	医疗卫生	Q类指标	102m²/千人	8	0.083	0.664
	商业服务	Q类指标	1148m²/千人	10	0.083	0.83
	金融邮电	Q类指标	24m²/千人	8	0.083	0.664
	市政公用（含居民存车处）	Q类指标	11m²/千人	7	0.083	0.581

续　表

指　标 / 项　目		指标类型	数　据　表　现	标准打分	权重	最 终 得 分
住区和谐指标	社区服务	Q 类指标	600m²/千人	10	0.111	1.11
	事务管理	Q 类指标	50m²/千人	7	0.111	0.777
	安全保障	Q 类指标	人防设施按国家标准设置	8	0.111	0.888
个人发展指标	教　育	Q 类指标	364m²/千人	5	0.111	0.555
	文　体	Q 类指标	302m²/千人	10	0.111	1.11
	民族文化	Q 类指标	住区规划设计融合了一定的民族特色	8.5	0.111	0.9435

4.7.2　评估结果

1. 计算结果

根据各个指标的打分结果，可以得出山语城生态文明建设方案的得分情况：物质文明 61.9 分，环境文明 77.9 分，精神文明 81.2 分；生态文明总分 221 分，如同前 3 项转化为 100 分制为 73.7 分。另则，Q 类指标得分 14.571 分，L 类指标得分 7.535 分，转化为 5 分制分别是 3.81 和 3.10 分。具体得分情况见表 4-17。

表 4-17　山语城生态文明建设方案评价计算结果

项　目		得　分	得分率*
生态文明总体表现		221	0.737
物质文明指标		61.9	0.619
	节能指标	1.407	0.558
	节水指标	1.887	0.749
	节材指标	1.066	0.425
	节地指标	1.830	0.726
环境文明指标		77.9	0.779

续　表

项　　目		得　　分	得分率*
	水环境指标	1.565	0.591
	气环境指标	1.708	0.871
	声环境指标	1.600	0.851
	景观环境指标	1.820	0.717
	废弃物管理与处置系统指标	1.100	0.640
精神文明指标		81.2	0.812
Q类指标（共31个指标）		14.571	0.762
L类指标（共31个指标）		7.535	0.620

注： ＊为该类指标实际得分总值除以指标满分总值。

2. 结果解析

（1）直接打分法结果解析。山语城生态文明建设方案总体得分为73.7分，处于（60，80）的较好区间内，即山语城规划、建筑设计、施工和管理措施等方案达到住宅区生态文明建设的基本要求。在三大文明建设方案中，精神文明得分最高，为81.2分；环境文明次之，系77.9分；物质文明得分较低，是61.9分。前者达到符合生态文明建设要求的等级，后两者均属于基本符合生态文明建设要求的等级。进一步细分指标，可知气环境指标和声环境指标得分率均在0.8以上，完全符合居住区生态文明建设的要求；而物质文明中的节能指标和节材指标与环境文明中的水环境和景观环境指标得分率均不足0.6，不太符合居住区生态文明建设的要求；其余指标得分率均在0.6～0.8之间，属于基本符合生态文明建设要求的等级。

（2）Q－L打分法结果解析。根据上述对指标进行的Q－L分类和各指标打分结果，可以得出Q类指标的分值为3.81分，L类指标为3.10分。按照指标的设定，L表征的是项目在减少能源、资源和环境方面付出的努力程度，得分越高，则付出越少。因此，山语城生态文明建设在Q－L打分法分级标准上的坐标应该是（1.90，3.81），在图上应处在B区，如图4-4所示。

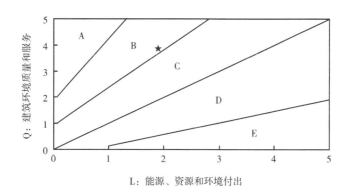

图 4-4　Q－L 打分法结果

　　Q－L 评价法结果表明，山语城项目的规划、建筑设计、施工和管理措施方案能够通过较少的资源、能源和环境付出，获得较优良的建筑建设品质，达到了生态文明住区建设的基本要求。这个评价结果与直接打分法不谋而合，表明建构的评价体系较为科学合理，评估的结果值得信赖。

　　（3）两种打分方法结果验证。将两种打分结果置于一张图上分析，如图 4-5 所示。图上虚线是生态文明得分 73.7 的等值线，该等值线共跨越了三个 Q－L 打分等级。沿着虚线往右上方移动，会降低其 Q－L 打分等级，这显然是不被期望的评价结果。沿着虚线往左下方移动，虽然会提高最后的评价等级，但却要克服经济及技术上的巨大阻力，这是现实条件下难以达到的。此次评价的结果是，Q－L 坐标点落在平衡性较好的纺锤形区域内，说明山语城在其生态文明建设的规划、设计水平上，能够取得能源、资源和环境付出与建筑环境质量和服务间的较好平衡。

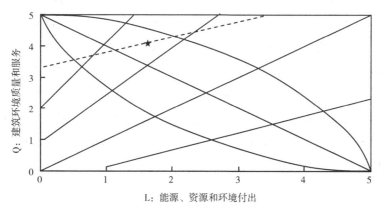

图 4-5　两种打分方法验证

4.8 结果与重点指标分析

4.8.1 结果分析

1. 外部环境影响分析

贵阳市地处亚热带温和湿润气候区，多年平均日气温 15.2℃，1 月份平均气温 4.9℃，7 月份平均气温 24.4℃，具有冬无严寒、夏无酷暑的特点。该区年均降水量 1198.9mm，雨量充沛，气象类型属温热湿润型；年均日照数 1412.6 小时，光能资源属低值区。正是基于这些自然条件，山语城项目的生态文明建设应具有以下特点：首先，冬暖夏凉的气候决定了居住区的供暖供冷能耗小，节能的空间及必要性亦相对较小；其次，光能资源的有限性决定了居住区太阳能的利用水平很难提高。因此，山语城项目在节能方面难以或无须有尚佳的表现。否则，脱离客观条件执意而为，既增加开发商建设和居民生活使用的成本，亦会弄巧成拙以其他形式的高能耗、高物耗和高劳动力付出乃至其机会成本的损失换取节能上的较小收益。

山语城居住区紧邻小车河，小车河坝上拥有Ⅱ类水体，小车河坝下为Ⅲ类水体，以及住区所在区域具有完善的市政给排水管网和污水处理厂，这些为创建良好的住区水环境打下了基础。根据贵阳市的功能区划，山语城属于居民、交通、文化娱乐混合的二类区，项目周边没有明显的大气污染源，这也为居住区气环境建设创造了良好的条件。居住区周边的噪声源主要有车水路交通噪声、株六复线和贵昆铁路运输产生的噪声以及周边居民生活噪声，住区的规划方案对此采取了多种针对性措施，可有效保障区内的良好声环境。最后，山语城居住区选址于丘陵地带，项目根据地形高差错落的特点安排建筑布局和景观结构，使得住区景观环境具有很强的空间感和层次感，加之背靠山体林地而具浓郁的自然绿色景观。

2. 社会经济条件分析

贵阳虽是一个以汉族为主的多民族聚居城市，但占人口 34.7％而历史悠久的苗族、布依族和侗族等 30 余个少数民族孕育了辖区内浓郁的民族风俗。山语城居住区建设规划能够将当地丰富的历史、人文元素融入景观设计之中，有助于显著提升精神文明建设的品位和促进不同民族的和睦相处。

项目所在的南明区 2006 年 GDP 达到 114 亿元，荣获"2005—2006 年度全国食品工业强县"称号，在贵州省第二轮建设经济强县（区）中排名第二，全区农村全面实现小康目标。可以说山语城所在区域具有较强的经济基础，商业环境和经济发展潜力均较佳，这些不仅有助于吸纳产业和从商人口的入住，而且会使住区内的废弃物处理处置、便民市政设施、商业和金融邮电服务等均得到较好的解决和满足。

3. 项目定位分析

据《2006—2008 上半年贵阳房地产市场报告》显示，贵阳市近期刚入市的或即将入市的楼盘总体量在 1400 万平方米左右，而 2006 年全年贵阳市的商品房销售面积约为 302 万平方米，加之当前房价日趋偏高难免销售低迷，未来面临的市场销售压力较大，竞争亦更趋激烈。一方面，区域内其他项目较大户型的普通多层、小高层住宅较多，户型变化不够丰富，90 平方米以下相对较少。住房多以毛坯交房，缺少有特色的精装修复合大盘项目。另一方面，在南明区的配套基础设施逐步完善提高后，伴随经济的发展和房产市场的复苏，区域内房产价值将会得到显著的提升，具有较强的投资潜力，同时客户亦比较青睐附加值高的产品。

因此，山语城在规划和设计之初就着力以生态文明建设为主题来引领贵阳市未来的房产市场和打造自身的特色，提升居住区的形象和品质，以吸引目标客户和满足居民健康消费的需求。居住区 90m² 以下户型占总户数的 70% 以上，使得项目的节地表现较为突出。对房屋逐步采用一次性装修，有助于减少房屋装修的能源和材料消耗。着力完善居住区的教育、文体、社区服务、医疗卫生和安全保障系统，以提高居民的生活品质，从而有助于提升产品的附加价值。

4.8.2　重点指标分析

1. 建筑主体节能率

建筑主体节能率指标是评估居住区节能性能的最重要指标之一，国内的几个主要评价体系都将该指标作为考察住宅生态性的关键指标，并且赋予了较高的权重。建筑主体节能包含的内容比较多，是一个综合性的指标。为了使居住区的建筑主体节能有良好的表现，不仅需要采用新的节能技术和节能建材，也要有合理的能源利用规划和管理措施。从项目规划报告中可以看出，山语城项目对建筑主体节能相当重视，在门窗和墙体上均采用了较多的节能材料，以保证建筑的物理节能性能较高。但山语城的项目建设方案缺少对建筑的总体能源利用规划，也未制定住区投入运行后所需的能源管理方案，这些都是项目的规划设计方案中需要改进之处。

2. 容积率

在国内外生态住宅的评价体系中均未出现容积率这一指标，一是因为诸评价体系对节地类的指标不太重视，二是因为该指标的优劣标准尚无定论。本书对山语城生态文明建设的评价虽然未将该指标纳入，但在研究过程中也给其以充分的关注。

容积率是指项目用地范围内总建筑面积与项目总用地面积的比值。一方面，容积率越高，表示对土地的利用效率越高，即单位用地面积可以承载更多的居住人口；另一方面，容积率越高，则表示居住区越拥挤局促，居民的舒适度越低。因此，居住区的容积率应有一个合理的水平，以平衡开发商和购房者双方的利益，实现社会、经济和个人需求间的较好兼顾。一个良好的居住小区，高层住宅容积率应不超过5，多层住宅应不超过3。山语城住区平均楼层数在30层以上，属于高层住宅，规划容积率为3.0，显著低于良好居住小区的上限标准，从而能为居民生活营造较为舒适的休憩空间。同时，山语城规划人口密度为48221人/km²，这个数值高于项目所在区域的3960人/km²，满足了生态住区节地的要求。伴随未来城市人口的持续膨胀，作为贵州省省府和"山城"的贵阳市可供开发的土地资源势必更为紧缺，高密度人口和高容积率住宅建筑难以避免。因此，山语城现时的规划容积率无疑是节地和保障居民居住舒适性的最佳选择。

3. 居住区绿化率

居住区绿化率是住区景观环境的重要指标，本项研究评价体系中物种的选择指标和树种搭配指标与其有密切关系。绿化率是指居住区用地范围内各类绿地总和占居住区用地的比率。绿地应包括公共绿地、宅旁绿地、公共服务设施所属绿地和道路绿地（即道路红线内的绿地），但不包括屋顶、晒台的人工绿地。绿化率是反映小区景观和环境质量的重要指标，生态住区标准规定绿地率应大于 35%，绿地本身的绿化覆盖率应大于 70%。山语城住区规划绿地率为 37%，总量上达到了要求。因此，在进行绿地规划和建设时，应着重考虑绿地的形式和结构。即针对住区特殊的丘陵地形和不同绿色草木、花卉在公共园地、道路、宅旁等的时空合理配置，营造出丰富多样的绿色空间，以美化住区、改善环境、提升居民的生活质量。

4. 屋顶绿化、垂直绿化

屋顶和垂直绿化是扩大住区绿化的重要方式，可提升住区景观的层次感和空间感。另外，屋顶绿化夏天可防晒，冬天可保温，有助于改善建筑的热工性能，起到建筑节能的作用。评价结果显示，山语城住区在此方面尚有欠缺，应着力加以改进。

5. 建筑物体形系数

在此次建构的评价指标体系中虽然没有体形系数这一指标，但该指标能较综合地反映建筑物节能节地方面的品质，因此需要加以讨论。

建筑物体形系数是指建筑物接触室外大气的外表面积 F_0 与其所包围的体积 V_0 的比值，即 $S=F_0/V_0$。研究表明：体积小、体形复杂的建筑，以及平房和低层建筑，体形系数较大，对节能节地不利；体积大、体形简单的建筑，以及多层和高层建筑，体形系数较小，对节能节地较为有利。因此，从节能节地、控制体形系数角度考虑，在满足规划和使用功能要求的前提下，生态文明住区的建筑设计应尽量首选高层和中高层，其次是多层，而低层住宅除有特殊要求的情况下尽可能少采用。[3] 山语城住区的楼盘以高层为主，体形系数自然较小，对节能、节地等均较为有利，符合生态文明住区建设的要求。

参考文献：

[1] 张凯. 城市生态住宅区建设研究［M］. 北京：科学出版社，2003.
[2] 蒋奇. 社区建设与管理［M］. 北京：北京大学出版社，2008.
[3] 白志刚. 社区文化与教育［M］. 北京：中国劳动社会保障出版社，2001.
[4] 田江，黄龙蓉，曲建明等. 基于多主体的社区医疗服务系统研究［J］. 中国卫生经济，2009，28（5）：43—46.
[5] 杨兵杰，王萍锋，戴娜等. 关于宁波市社区服务体系发展的思考［J］. 经济丛刊，2006

(4)：14—18.

[6] 张苏辉. 社区社会组织参与和谐社区建设的途径和方式研究 [J]. 中南林业科技大学学报（社会科学版），2009，3（2）：34—37.

[7] 唐淮. 社区建设与基层群众自治制度 [J]. 西昌学院学报（社会科学版），2009，21（1）：72—75.

[8] 孙晓刚. 论社区公共文化建设 [J]. 南方论丛，2008，6（2）：14—21.

[9] 绿色奥运建筑研究课题组. 绿色奥运建筑评估体系 [M]. 北京：中国建筑工业出版社，2003.

[10] 刘仙萍，丁力行. 建筑体形系数对节能效果的影响分析 [J]. 湖南科技大学学报（自然科学版），2006，21（2）：25—28.

第5章 居住区生态文明建设的目标

在对居住区建设规划和建筑设计方案等进行生态文明内容及标准要求的评估后，如何扬长补短地进行改进和建设，则需要依据社会发展所求和结合当地自然、地理条件及经济、人文等因素确立适宜的建设目标，进而采取相应的策略、措施完善规划和建筑方案。本章仍以贵阳市山语城居住区项目为例进行探讨，以供读者参考和分享。

5.1 山语城项目的建设背景

贵阳市是我国西南地区重要的中心城市之一，是贵州省的政治、经济、文化、科教中心和西南地区重要的交通通信枢纽、工业基地及商贸旅游服务中心；不仅具有良好的经济发展潜力，而且拥有丰富的自然、气候资源，是一座"山中有城、城中有山、绿带环绕、森林围城、城在林中、林在城中"的具有高原特色的现代化城市，享有"森林之城、休闲胜地"的美名。贵阳市现保有相对较好的生态环境，因空气清新、气候凉爽、纬度合适、海拔适中、灾害稀少而适宜人居；且因民族文化积淀深厚，而维系着一种特有的人文生态。为了更好地传承和拓展"上天"赐予的自然财富，贵阳市政府于 2008 年出台了《建设生态文明城市的决定》，提出以生态文明建设引领城市文明的创建，将其突出的生态资源比较优势转化为经济社会发展优势和城市文明建设优势，最终实现城市社会经济的跨越式发展。

住宅区是城市和区域环境的重要组成部分，对生态文明城市的建设起着关键的支撑作用。山语城居住区位于贵阳市中心区南翼，规划建设用地面积59.21 公顷，依山傍水，有着得天独厚的自然地理和社会区位环境条件。该项目作为贵阳市首屈一指的大型住宅区和生态文明建设的首位社区，无疑应肩负着重要的居住功能和示范推广责任，以"和谐自然、生态人居"为己任，有力地促进贵阳生态城市的健康、茁壮发展。

5.2 山语城项目建设的基本原则和目标

随着我国小康社会建设进程的加速发展、人民生活水平的显著提升和环境意识的日益增强，人们已经意识到以生态破坏、环境污染和资源浪费为代价换取的居所及生活是不可持续的。由此，社会对居住环境的要求已不再停留于坚固、安全、舒适等基础水平，而向更高的需求层次提升。即从对物理空间需求上升至对生活品质的渴盼，从污染治理需求向环境友好和谐转变，从城市绿化需求深化至生态服务功能的增强，从单纯的住区形象要求向城市功能的可持续发展演变。[1]更为重要的是，人们已从对物质水平的一味攀比开始转向对精神文化的渴望，从家庭自居转向和谐社区的追求。因此，"生态立足、环境宜居、节约为本、文化兴城、社区和谐"无疑应成为山语城居住区建设的基本原则和目标。其内容和含义拟从以下 4 个方面展开解析。

第一，以生态文明为社区建设主导方针和标志，以环境优良为居民创造优质生活条件。

所谓生态文明，简而言之就是人与自然、人与人之间相依关系的和谐有序演化。人居住宅是连接人与社会、聚落与城市的纽带，它不仅以人们日常生活、居住、游憩的场所映像社会发展的文明状态，而且其建筑设计、建造过程和管理同时体现着城市经济的发展和生态环境的变迁，是城市生态文明建设的一个缩影。欲打造符合生态文明标准要求的"山语城"大型居住社区，首先必须立足于生态系统的良性循环和环境质量的优良保障。

生态即生命物质的生存和演化状态，不仅取决于非生命物质的支持和环境选择，亦有赖于生命物质间的相互依存和进化替代。人作为生命物质的一员和具有强大能动作用的大物种，既依赖于自然界中的生命和非生命物质的资源供给及保障，亦需要在利用自然物的同时有责任和义务保护自然物，有能力和职责维护自然生态的良性循环。此外，人虽已独立于一般的自然物种成为具有社会属性的人类，但须臾离不开自然生物和环境资源的支持；亦因人类自身的过度消费或作为而危害自然生物、破坏自然环境，在打破原有自然生态平衡后而未能有效建立起更加有序的人与自然相互依赖和作用的整体生态平衡，人类社会势必亦难以可持续发展。因此，作为人群居的住宅聚落不可能独立于自然生命物质和自然环境而存在，既需要依赖自然物质的供给和保障而生存，亦需要欣赏自然的生命和享受自然的环境而持续发展。只有立足于自然生态、环境的支持，立足于人与自然的和谐，才能最终保障居民的安全、健康、身心舒畅地生活和发展。

立足生态，即以和谐人与自然、人与人间的相依关系和实现生态环境的良性循环与可持续支撑为山语城居住区建设的导向目标，依据自然地理、社会区位特征和生态文明住区的内涵要求，从规划、建筑设计、施工和居民入住后的科学管理等方面加强住区生态文明的建设，力争将山语城建成贵阳市、贵州省乃至西南地区首个生态文明示范区。

此外，山语城项目所在地块的西、南部为一片树木茂盛的自然山林，环境优美；东、南侧紧邻小车河，稍加改造及治理，将为住区增添另一道风景线。这种山水大半环绕的外部环境，不仅为居住区提供了得天独厚的自然景观，而且能够提供强力的生态服务功能。

住区内部的环境要素主要是绿化空间和水空间，其中绿化空间包括花草、乔灌、绿色景观小品等。根据国家《城市居住区规划设计规范》的规定标准，住区绿地率不得低于 30％。山语城在达到基本要求的前提下，应科学规划绿地，合理利用土地资源，通过阶段性的开发建设，逐步提升绿化质量和绿化效率。水空间包括水环境、水景观、水生态等，山语城须以达标的水质、最优化的水量供给，保障住区水空间的良好运行。为此，必须做好污水处理工作，并且充分利用可再生水资源进行绿地浇灌、景观供水等。另则，绿化与水体的结合能够起到降噪吸尘和提高自净、调节微气候、保持水土等生态功能，可为居民提供健康舒适的生存环境。在保护和创造良好自然生态系统的同时，需要将人工污染降至最低水平，以保护环境、建立和谐友好的人地关系。

第二，以土地、能源、水资源和建材节约为本征，为社会节约资源和为居民节约居住成本。

随着我国工业化和城市化进程的快速推进，土地、能源、水资源和有关矿石等资源紧缺问题日益凸显，这促使我们开始对自身的生存空间、生活方式和价值观念进行反思。在建筑的全生命周期内，最大限度地节地、节能、节水和节材，不仅可大大降低居住成本和经济损失，而且能够高效利用资源和减少不必要的浪费，是彰显与自然和谐共生、走可持续发展之路的关键所在。

节地，意味着高效利用土地和空间，提高土地利用的集约和节约程度。山语城居住区目前的规划布局较为合理、容积率较高，符合贵阳市地少人多的住宅建设要求。为了在有限的土地上增加绿地面积、车库和文体商等活动空间，利用山体和台地落差开发地下空间尚有潜力。此外，对于建筑内部结构，应再重视空间的巧妙设计，以提高居住空间的使用率和在较小的有限空间内创造出较大的便捷及舒适度。

"上有天堂，下有苏杭，气候宜人数贵阳。"2007 年，贵阳市博得"中国避暑之都"的美丽称号，成为贵阳市生态优势的最好证明，亦为贵阳市区的住宅设计提供了新的灵感及要求。山语城住宅、公建的设计和墙体保温隔热性能的优劣，决定着能否最大限度地发挥贵阳当地舒适宜人的气候优势以利能源的节约。另则，居民家电型号的节能选择和日常使用的节约，亦是一种不可忽视的节能举措。尽管太阳能、风能、地热能等清洁型能源受到当地自然条件的限制暂无法大幅度地开发利用，但采用先进的技术产品可使有限的太阳能资源转化为公共照明和解决部分居民的洗浴问题。随着科技进步和使用成本的降低，在后续三期的建设中可扩大太阳能的应用范围或规模，以达到在提升居住质量的同时尽力节能减排的目的。

水资源对居住区而言是生存的命脉。近数十年来，人类社会快速形成"耗水型文化"，使我们面临着严重水资源枯竭的危机。尽管贵阳市水资源暂不短缺，但仍需贯彻生态文明理念，应着力推行节水政策，做到开源节流。山语城居住区须通过设计科学合理的住区水循环系统和积极引导居民使用 90％以上的节水型器具，且在排水终端应使废水的处理回收率达 30％以上，以充分利用中水及雨水而实现节约水资源的目标。

建筑是高污染、高耗能的产业，建筑材料在原材料获取、产品生产和使用过程中，往往伴随着大量的能源消耗和环境破坏及污染。因此，山语城居住区在规划和建设阶段，应选择环保型建材和尽力实现建筑垃圾的回收利用，且积极推行全部房产的一次性装修。此外，贵阳市辖域和周边的石材、水泥和建设地块北部的采石场为就地取材创造了较佳的条件，故应最大限度地使用当地的建筑材料，既可促进贵阳市和周边地区的经济发展，亦能避免远距离材料运输带来的能源和财力耗费。

第三，以山水文化、民族民俗文化和优质教育兴隆住区，从而不断提升居民的文教素养和生活质量。

城市是一个人工生态系统，而文化和教育则是它的生命基石，对住宅区而言亦更是如此。文化和教育是住宅区建设中不可忽略的一个重要组成部分，其包容性、多样性和持续进步性既映像社区的特色，亦是构建和谐社会和促其生态文明、健康发展的纽带或中枢。

美国心理学家马斯洛将人的居住行为分为两级，低级层次为生理和安全需要，高级层次为精神的需求。[2]而高级层次的精神需求，则体现在对住区文化内涵和高素质教育的追求。作为供给人们休憩、养生和繁衍后代的居住区，最能够打动人心、引人入住和催人奋进的莫过于整个社区营造的文化氛围和具有良好教育条件的配备。因此，山语城居住区的生态文明建设，必须从文化和教育入手。为了建设贵阳市首位度的生态文明居住区，山语城须从丰富的地域文化特色中汲取养分，创造出极具人情味、归属感、认同感和领域感等体验的高品位居住区，尽力突出贵阳当地的山水和民族民俗特色，将独特的文化情怀融入社区，联系千家万户；亦须着力引入外部高水平的办学机构，合作联办小学、中学、职业技校，乃至社区老年大学和各类型职业、文化娱乐、强体保健的培训班，以提升居民的文化、科技和健康素养。

山语城——顾名思义，即与山对话，因山而又与水比邻，人与山水互相依存。建筑依山而建，顺应地势起伏；镶嵌于山林、鸟语花香的"围城"，以汲取山水之灵气，使人与生态相辅相依。水景的利用，将极大地增加居住区景观的可欣赏度，倚靠天然的小车河塑造出清洁、优美、安宁的社区环境。其次，突出山水文化的特点亦可在景观设计、景观大道的命名上有所体现。譬如，将现规划的住区景观大道取名为"未名大道"，寓意人与自然、人与人综合协同、内涵丰富而确切的名称难达其意境；不同组团间的联系道路可用道路两侧的组团名称其中一字结合而成，从而令整个居住区浑然一体。

同时，贵阳市是一个多民族杂居的城市，虽然汉族人口占多数，但布依族、苗族、回族、侗族、彝族等 20 多个少数民族的群居，形成了"五方杂处贵阳城"的独特文化现象。利用民族图腾、雕刻艺术等人文景观和自然景观的结合，可塑造与其他住宅区不同的民族风味；利用少数民族的节日举办主题活动，如苗族的"四月八"、布依族的"三月三"和"六月六"等，可让贵州当地的民俗风情亲切地走进居民生活之中。

生态文明住区文化和教育的魅力，还在于重视人们居住生活的社会性内容。关怀居住者的精神需求、心理体验和智能、文化、科技素养的提高，使居住者产生心理上的归属感和认同感，并使其成为社会、经济发展的知识型人才。譬如，合理布置住区座椅、桌凳、亭、廊、花坛、路灯、交通标志、垃圾桶、广告牌及儿童游戏设施等，有助于发挥其自身的使用功能和提高居民的观赏、审美、艺术设计等能力。

同时，还要考虑不同年龄段居民的特殊要求。就孩童而言，居住区是童年玩耍的天地，因此对儿童游戏环境的设计不仅要考虑其活动的特性，还要考虑有助于儿童的健康成长，让家长在与孩子共同玩耍的过程中，加深感情的交流；对老年人来说，居住区则是他们安度晚年的养生之所，他们需要更多的关爱，精神上的富足是保证他们健康幸福的关键所在；[3]有关入学的少年和需要再教育的青壮年，良好的教育设施和一流的师资是培养其成才的关键所在。尽管山语城在现有中学的基础上拟扩大办学规模，增建小学、幼儿园、文化体育和医疗卫生、商业服务、金融邮电、社区服务等设施，但通过积极引进外部办学力量提高中小学的教育水平，且筹建规模适宜的职业技术学校、家庭网络或电视教育台站和短期培训各行业社会急需的人力资源，还有待于规划和积极运作。

另外，要保持社区生态文明建设的持续性，借助住区网络、闭路电视、设置教育长廊张贴宣传画等措施，对居民定期进行生态环境保护意识的教育必不可少。

第四，以安全保障、优质服务和民主协商促进社区的和谐发展。

在我国现代化进程中，社会稳定与治安问题势必面临严峻的挑战。城市住区不仅须满足人们最基本的居住功能，还需要提供一个安全的住区空间，以使人们能够生活在一个有秩序、求和谐、更安全的社区环境之中。社区安全保障既是保证居民生活、工作、学习的最基本条件，亦是城市发展与社会和谐文明的必然诉求。为了加强安全、预防不安全因素的发生，社区防范措施与家庭、个人防范行为都极其重要。

在山语城居住区首期工程完工、居民入住后，安全保障工作应全面展开。另则，由于其他地块的后续施工建设使得项目地段人员混杂，因此住区的安全保障工作需要贯穿整个开发及使用过程之中。住区的安全需要在社区派出所、居委会、物业保安和居民自组织下，分工合作，协同治安。此外，住区监控系统和信息网络的建设应在规划和建筑设计的基础上进一步完善，以加强安全教育和宣传、防火、防盗、预防重大自然灾害和传染病危害，力保住区居民生命和财产的安全。

物业服务质量的好坏体现了居住区的文化层次和文明程度。居住区的物业公司应始终将服务作为自身的工作职责，即以服务来带动住区的优质管理。其服务工作不仅要保护居民的人身、财产安全，同时要不断提高自身服务的质量，以提升居民生活的舒适度和便捷度，进而在和谐与居民的关系中保障自身的经营、服务收益。

我国住宅区现存的主要矛盾是物业公司与居民间的利益纠葛,既有因服务较差导致居民不交物业费,或因物业公司顾及住区整体利益而伤害部分居民利益,抑或因开发商遗留的建筑质量、规划不尽合理等问题而未能及时、圆满解决;诚然,也有因部分居民的无理要求而产生对立对抗。有效解决上述诸问题的策略是,必须坚守民主协商的基本原则,需要在住区居委会的领导下,与物业公司、业主委员会通力协作、协商,以及充分同居民进行沟通,在保障住区整体利益的同时亦能最大限度地维护部分居民的个体利益。就是说,我们既要保障整体利益的最大化,亦要遵循"小数原理"以不伤害少数居民的利益。为此,在住区规划和建筑设计时力争克服可能长期危害居民安居的弊端;居民入住后,物业公司不要随意改变原规划格局而损伤部分居民购房时已确立的权益。若系开发商遗留的问题,则应由其同开发商和居民协商予以积极解决。总之,只有坚守民主协商、热诚对话原则,才能保障居住区和谐发展。

山语城欲建贵阳市乃至西南地区首个生态文明社区,最终的落点不仅仅是建造舒适的房舍和塑造优美的环境,更重要的是营造和谐而浓郁的生态文化氛围,让"生态文明"扎根沃土、深入人心;不仅使居民乐于栖息,且能够促进社区健康而富有活力的持续发展。

参考文献:

[1] 颜京松,王如松. 生态住宅和生态住区(Ⅰ):背景、概念和要求 [J]. 农村生态环境,2003,19(4):1—4,22.

[2] 王娟. 浅析住区景观设计的文化氛围营造 [J]. 科教文汇,2007(12):229.

[3] 王珩. 生态健康居住小区外环境构成及评价研究 [D]. 哈尔滨:东北林业大学,2007.

第6章 居住区物质文明建设的技术措施与对策建议

物质产品是人类生存和发展不可或缺的基石，而资源又是不同形态物质产品转化的源泉。为了改善居住条件和满足人类社会的可持续发展，在不断提升人们居住物质消费水平的同时，务必最大限度地节约资源，特别是不可再生的自然资源。

依据前述评估结果和建设目标要求，本章拟从节能、节地、节水、节材诸方面探讨和提出案例居住区——山语城物质文明建设的应对方略。

6.1 节能

随着社会经济发展和人类文明演进，人们生产与生活对能源的需求量逐渐增大，而能源供给受化石能源有限性和不可再生性制约的状况日益凸显。虽然目前全球能源供给尚能满足基本需求，但化石能源不足以支撑庞大且持续高速增长的社会经济体系是未来发展的必然结果。因此，能源节约和可再生能源利用被视为实现可持续发展的必然选择。

电能是我国南方城市居住区使用的主要能源，贵阳市的电能大部分来自煤电，因而尽管居住区的能源消耗远小于工业耗能，但也给能源供给和环境保护造成了不可忽视的压力。相关研究表明，建筑能耗约占我国总能耗的30%～40%，如果按照居住区建筑量占总建筑量的40%估算，我国居住区能源消耗约占我国总能耗的12%～16%。与发达国家相比较，我国住宅建造的设计、建材和施工技术水平相对落后，能效比低，导致我国大多数住宅建筑在建造和使用过程中存在严重的能源浪费。也正因为如此，在新建的居住区中，节能技术和措施的改进具有较大的节能潜力和广阔的发展前景。

狭义的居住区节能是指通过技术措施和管理手段，降低居住区单位建筑面积的能耗水平或人均能耗水平，从而减少居住区对能源的总需求量。广义的居住区节能还包括能源结构的优化，即可再生能源消耗量占总能源消耗量的比重越高，表明能源对居住区支持的可持续性越强。按照广义而言，居住区节能可以从以下两个方面入手：一是减少居住区能源的总消耗量，可以通过外墙保温技术、遮阳通风技术以及节能型用电设备的规模应用实现；二是提高可再生能源比重，需要通过各种新能源利用技术的应用来完成。

贵阳市气候温和，冬无严寒，夏无酷暑，四季分明。四季中冬季最长，约105 天；春季次之，约 102 天；夏季较短，约 82 天；秋季最短，约 76 天。7月份平均气温为 22℃～25℃，1月份平均气温为 4℃～6℃。贵阳市的气候条件决定了山语城居住区住宅建设应当将建筑物的冬季保温性能放在首位，应主要通过围护结构设计、新型保温技术材料使用、适当降低窗墙比例系数或安装中空玻璃等降低墙体的传热系数，增强其保温隔热性能。同时，应当关注门窗等可开启部位的气密性，以增强保温隔热效果。节能领域的另一个重要技术是节能型用电设备的规模应用。相关研究表明，节能灯与普通荧光灯相比可以节约 50%～80% 的电能，而节能型冰箱、空调设备亦可节约 30% 左右的电能消耗。

在新能源利用方面，由于贵阳市地处多山地带，其复杂的地形、地貌导致了该地区难以形成稳定持续的定向风，使得风能利用存在较大障碍。此外，风能利用设施宜建在空间开阔的地带，需要占用较多土地，因而在贵阳市区以高层住宅为主的山语城居住区内难以实现。山语城复杂的地形地层结构加大了地热能的利用难度，使地热能开发利用的前期成本投入显著增加，降低了其经济可行性。山语城居住区地处贵阳市中心区，因而在生物质能利用方面也因受到原料限制而难以大规模开展。贵阳市年日照时数约为 1200～1600h，比同纬度的我国东部地区少 1/3 以上，是全国日照最少的地区之一，因而在太阳能利用方面也受到一定限制。

综上所述，风能、地热能、生物质能和太阳能等 4 大主要可再生能源的利用，在山语城居住区都受到一定的条件限制。然而，这并不意味着山语城居住区没有利用可再生能源的可行性，当满足一定的技术条件时，可再生能源在一定程度和规模上能够得以应用。譬如，在使用节能型照明灯具的前提下，居住区交通照明和景观照明可以由太阳能光电转换技术实现部分甚至全部的能源供给；在技术创新和工艺创新的前提下，阳台太阳能热水系统和屋顶太阳能热水系统也可以在一定程度上解决部分居民生活热水的供应问题。

6.1.1 建筑体自身的节能设计

建筑体自身的节能设计是指通过建筑体的朝向设计、结构布局和材料选择等提高建筑体自身的保温隔热和通风性能，从而实现降低其夏季空调系统能耗量和冬季供暖供热能耗量的目的。建筑物的保温隔热和通风性能除了与其朝向、结构有很大关系外，还取决于其墙体、窗体传热系数、阳面窗体遮阳设计、门窗密闭性能等诸多因素。

1. 朝向与结构设计

合理的朝向与结构设计是实现建筑体自身节能的基础。由于我国位于北半球，无论春、夏、秋、冬，建筑物南面的朝阳时间均远大于北面。为了获得较好的采光效果，南向是我国大部分地区住宅建筑的首选朝向。加之贵阳市地处我国东南季风气候影响范围之内，南向住宅建筑具有很好的通风性能，从而确立了南向在该地区住宅建筑设计中朝向选择的首选地位。从山语城居住区的住宅建筑规划设计图可以看出，多数住宅建筑均选择了南向设计，朝向略偏东。山语城居住区东部为一条沿小车河的线形景观带，这种南偏东的朝向设计既可以获得较好的采光和通风效果，为建筑体节能创立良好的基础条件，同时也可以为未来住户创造优美的窗外景观。

体形系数是影响建筑体能源消耗的又一个重要因素。体形系数 S（m^{-1}）是指建筑体与室外大气接触的外表面面积 F_0（m^2）和与其包围的体积 V_0（m^3）之比值。建筑体体形系数的变化直接影响到冬季采暖和夏季空调能耗量的大小，体形系数越小，其节能效果越好。根据相关研究，体形系数每增大 $0.01m^{-1}$，能耗指标增加约 2.5%。周燕、闫成文等人通过动态模拟软件 DeST-h 对宁波地区的住宅建筑模拟研究表明：当 $S<0.3m^{-1}$ 时，S 每增大 $0.01m^{-1}$，全年采暖能耗增加率为 $0.5\%\sim2.3\%$，全年空调能耗增加率为 $0.5\%\sim2.1\%$；当 $0.3m^{-1}<S<0.4m^{-1}$ 时，S 每增大 $0.01m^{-1}$，全年采暖能耗增加率为 $2.6\%\sim5\%$，全年空调能耗增加率为 $2.3\%\sim3.9\%$；当 $0.4m^{-1}<S<0.5m^{-1}$ 时，S 每增大 $0.01m^{-1}$，全年采暖能耗增加率为 $5.2\%\sim7.6\%$，全年空调能耗增加率为 $4.1\%\sim5.7\%$。[1] 由此可见，建筑体全年能耗增加率随着体形系数的增大而增大，当体形系数大于 $0.3m^{-1}$ 时，能耗增加率将迅速增大。另有研究表明：大型公寓式住宅，体形系数通常在 $0.2m^{-1}\sim0.3m^{-1}$ 左右；大型公共建筑（如会场、体育馆、大超市等），体形系

数一般小于 $0.1m^{-1}$；而单体别墅的体形系数则多在 $0.7m^{-1}\sim0.9m^{-1}$ 范围之内。[2]

　　山语城是以高层住宅为主体的居住区，如果住宅结构设计合理，达到较小的体形系数，可以为减少山语城居住区使用期的能源消耗做出很大贡献。建议山语城居住区在住宅建筑设计过程中，对预期的体形系数进行合理估算。对首期和二期开发的普通高层住宅建筑，宜将其体形系数控制在 $0.25m^{-1}$ 以下，并随期段的推进逐步提高相关要求，尽可能向 $0.2m^{-1}$ 的目标迈进。对于山语城居住区三期工程建设中的商业、酒店建筑，宜按照大型公共建筑的标准，将其体形系数控制在 $0.1m^{-1}$ 以下。三期工程中还包括 A 地块的高档高层住宅建设，为了提高高档住宅的舒适性和打造其外观特色，可以将其体形系数控制要求适当放宽，但应控制在 $0.3m^{-1}$ 以下。四期建设主要包括 G、I、J、K 四个地块，G、I、J 拟建造特色高层景观空中别墅，其体形系数宜参考普通高层住宅和单体别墅的标准控制在 $0.5m^{-1}$ 以下。对于四期中 K 地块拟建的普通高层住宅，则宜按照要求控制在 $0.2m^{-1}$ 左右。

2. 建筑体的围护结构

　　建筑体的围护结构主要包括建筑体的外墙体、外窗体和屋顶，这些部位是建筑体与外部环境直接接触的地方，也是建筑体与外部环境进行能量交换的场所。具有良好保温隔热性能的围护结构可以有效地阻止夏季热量的传入和冬季热量的散失，从而有效地降低建筑体在使用期间的夏季空调能耗和冬季供暖能耗。工业产品（如汽车）要达到 $10\%\sim20\%$ 的节能效果并非易事，而建筑体的围护结构设计合理的话，则可以轻松地达到 $50\%\sim60\%$ 的节能效果。[3]鉴于此，不同的国家和地区对建筑体围护结构的保温隔热性能都做出了相关规定，其具体要求详见表 6-1。

表 6-1　我国与发达国家围护结构传热系数对比　单位：$W/m^2 \cdot K$

国　家		外　墙	外窗	屋　顶
中　国	北　京	0.6（五层及以上）	2.8	0.6（五层及以上）
		0.45（四层以下）		0.45（四层以下）
	上　海	1.5	4.7	1.0
	广　州	2.0	6.5	1.0
	哈尔滨	0.5（$S \leqslant 0.3m^{-1}$）	2.5	0.52（$S \leqslant 0.3m^{-1}$）
		0.3（$S > 0.3m^{-1}$）		0.4（$S > 0.3m^{-1}$）

续 表

国　家		外　墙	外窗	屋　顶
瑞典南部		0.17	2	0.12
丹　麦		0.2（密度＜100kg/m³）	2.9	0.15
		0.3（密度＞100kg/m³）		
德国柏林		0.50	1.5	0.22
英　国		0.45	3.3	0.25
美　国		0.32（内保温）	2.04	0.19
		0.45（外保温）		
加拿大		0.36	2.86	0.23
日　本	北海道	0.42	2.33	0.23
	东京	0.87	6.51	0.66
俄罗斯	一等	0.77	2.75	0.57
	二等	0.44	2.75	0.33

资料来源：清华大学建筑节能研究中心.中国建筑节能年度发展研究报告2007［R］.北京：中国建筑工业出版社，2007.

　　从表6-1可以看出：我国北京、上海、广州和哈尔滨的外墙、外窗、屋顶传热系数标准分别在0.3～2.0、2.5～6.5、0.4～1.0之间，三系数均以哈尔滨市最小，广州市最大，呈现出由南向北的递减趋势，这主要是由我国南北显著的气候差异所决定的。发达国家的外墙、外窗、屋顶传热系数标准分别在0.17～0.87、1.5～6.51、0.12～0.66之间。上述不同国家之间的外墙、外窗、屋顶传热系数存在较大差异，这除了与各国所处的气候环境有关外，还与不同国家的经济发展状态、技术水平和居住习俗差异相关。

　　对比可知，我国关于建筑体围护结构传热系数的标准在国际上处于中等水平，比部分国家严格，但与最先进的发达国家相比尚存在一定的差距。原因在于低传热系数的围护结构需要较为先进的技术和材料，这些技术和材料的应用将在一定程度上提高住宅的市场价格。我国大部分地区的住宅购买能力仍然不足，且客户也多关注住宅价格而较少关心住宅使用阶段的成本支出，这导致先进技术和材料难以在我国住宅建造领域大规模的应用与推广。值得注意的是，我国南方城市（以广州市为代表）的传热系数标准值显著大于大多数发达国家，甚至为个别发达国家的数倍。这缘于南方气温较高，对室内保温要求较低，无须为降低围护结构传热系数而付出较高的建设成本。

山语城拟建设成为贵阳、贵州乃至云贵川渝地区第一个生态文明居住区，因而需要在节能方面走在前列，在技术和材料应用领域须与国际接轨，而不应该仅仅停留在达到国内标准的较低程度。另则，贵阳市冬季气温较之广州、上海市要低，稍感寒冷，因而适当降低建筑的围护结构传热系数有助于室内保温。这无疑会加大建筑成本和提升购房价格，令市民抱怨。因此，应当加大对潜在客户进行节能环保宣传的力度，普及建筑体围护结构性能与其日常使用能耗关系的知识，通过具体的节能效果分析使潜在客户真正意识到采用先进技术和材料的好处，而非贪念于暂时的低价位支付，以助购房者做出正确的购买选择。

Ⅰ. 外墙保温技术

住宅外墙面积约占建筑围护结构总面积的 $60\%\sim70\%$，室内外一半以上的能量交换是通过外墙热传递进行的，因此，外墙的保温隔热性能对建筑体的综合节能效果具有显著的影响。外墙保温技术是指各种能够降低外墙传热系数、增强外墙保温隔热性能的技术或措施，根据外在形式的不同，通常可分为自保温、外保温、中间保温和内保温等 4 种保温模式。

自保温外墙一般是由单一材质制成的具有一定保温隔热性能的块材砌筑而成，并能满足当地墙体节能要求的墙体。利用墙体本身来实现保温隔热功能的自保温方式除非墙体很厚，否则很难达到非常好的保温效果。有研究表明：如果要使外墙传热系数达到 $2.0\mathrm{W/m^2 \cdot K}$，完全靠水泥实心砌砖体实现的话，墙体厚度至少需要达到 370mm 以上，远超过了建筑工程的习惯做法和人们可接受的厚度。[4]因此，完全依靠自保温方式实现建筑的保温节能是不现实和不可行的。

外保温外墙是由两种或两种以上建筑材料构成的，且起主要保温隔热作用的材料置于室外一侧的复合墙体。目前常用的外保温技术是在墙体外侧增添一层聚苯乙烯层，可以通过聚苯板或聚苯砂浆两种方式增加。由于气候条件的原因，聚苯板多用于我国北方地区，南方地区则比较适宜于使用聚苯砂浆。相关研究表明：190mm 厚的水泥空心砖墙加 20mm 厚聚苯颗粒保温砂浆可以使墙体的传热系数降低到 $1.409\mathrm{W/m^2 \cdot K}$，200mm 厚混凝土墙加 25mm 厚聚苯颗粒保温砂浆可以使墙体的传热系数降低到 $1.343\mathrm{W/m^2 \cdot K}$，可达到甚至超过我国南方地区对墙体的保温隔热性能的要求。

中间保温外墙是由两层保温能力差的墙体夹一层绝热性能好的保温材料构

成的复合墙体。填充在中间层的绝热材料种类很多，如：岩棉、矿棉、玻璃棉、聚苯乙烯泡沫等工业废料，或刨花、稻壳、草灰、炉渣等地方材料。[2] 中层保温方式相对成本较低，并有利于工业和生活废料的资源化利用。然而，贵阳市相对湿度较大，容易导致中间填充的保温材料受潮、发霉甚至产生恶臭，故中间保温方式并不适宜于山语城居住区的住宅建设。

内保温外墙是由两种或两种以上建筑材料构成的，且起主要保温隔热作用的材料置于室内一侧的复合墙体。内保温外墙与外保温外墙效果相当，但造价相对较低，日常护理也较为方便。室内环境较室外环境变化平缓，可有效避免外保温墙体受南方风大雨多气候破坏的缺陷，是一种比较适宜于南方气候的外墙保温方式。

鉴于上述比较分析，建议山语城居住区以自保温加聚苯乙烯砂浆外保温、自保温加内保温或自保温加聚苯乙烯砂浆外保温加内保温三种组合方式增强住宅墙体的保温隔热性能。建议自保温选用 180～200mm 厚混凝土砖块或水泥空心砖块，外保温采用 20～25mm 厚的聚苯乙烯保温砂浆，内保温则可以选用施工安装及日常维护较为方便的聚苯板，厚度以 20～25mm 为宜。如果内外保温同时实施，则可适当减少内外保温层的厚度，但其厚度之和仍宜控制在 20～25mm 之内。

Ⅱ. 屋顶保温技术

通常情况下，屋顶面积占住宅建筑围护结构总面积的比例不到 10%，因而由屋顶热传递导致的能耗占住宅建筑总能耗的比例亦不大。山语城是以高层住宅建筑为主体的居住区，其屋顶面积比例与低层住宅相比更小，因而其在住宅建筑的节能影响不如外墙大。但是，仅就顶层房屋而言，屋顶面积占顶层房屋围护结构面积的比例很大，对其能耗水平具有显著影响，因此屋顶保温隔热必不可少。屋顶与外墙不同，其伸展方向多为水平方向，这种伸展方向决定了屋顶比墙面更容易形成积水，因而要求屋顶保温材料必须具备一定的防水、防渗、防潮性能。此外，屋顶受到阳光照射的时间比墙面长，温差变化大，因而要求屋顶保温材料具有良好的稳定性，较小的热胀冷缩效应。

目前，在我国南方地区使用较多的屋顶保温材料为模塑型聚苯板或挤塑型聚苯板，但市场上的聚苯板多按外墙保温性能而设计，用于屋顶将难以达到较好保温隔热性能。为此，建议山语城居住区住宅建筑屋顶保温设计以 20～25mm 模塑聚苯板或挤塑聚苯板为基础，其上覆盖 20cm 厚的土层种植耐旱、喜阳并具有一定抗寒性能的绿色植物，这样既可以节约土地，增加绿地面积，又可以为屋顶保温层起到一定的缓冲和保护作用。在设计过程中应当注意在保温层与土壤层之间需要通过一定的防渗层阻隔，以避免夏季多雨时期潮湿的土壤直接对保温层造成破坏。

Ⅲ. 窗体保温技术

窗体设计的目的是实现建筑体获得较好的采光和通风性能。然而，在实现该目的的同时人为地加大了室内外的物质能量交换，这些物质与能量交换有时是有利的，有时则不利于建筑体的节能与环保。比如：在夏季的傍晚，适时地开窗可以使室内的热量得以散失，从而使室内环境变得更为舒适；而在夏季的白天，开窗往往导致室外热空气直接涌入，使室内温度显著上升。在冬季，窗体的保温隔热和密闭性能对于保持室内温度具有重要的影响。通过窗体实现的能量交换主要取决于窗体布局、窗体构造和窗体密闭性能。这里所指的窗体布局包括窗体的朝向、窗面面积和可开启比率等；窗体构造主要是指窗体本身所采用的材料和其结构，包括窗体本身的结构和遮阳构件的结构；窗体的密闭性能是指可开启窗体与其窗框处在窗户关闭状态下的气密性和水密性。

窗体的布局对于建筑体的保温隔热性能有显著的影响。平均窗墙面积比（C_M，简称窗墙比）是反映建筑体保温隔热性能的一个重要指标，即指整栋建筑外墙面上的窗及阳台门的透明部分的总面积与整栋建筑的外墙面的总面积（包括其上的窗及阳台门的透明部分面积）之比。《夏热冬暖地区居住建筑节能设计标准 JGJ75－2003》[5] 中指出：居住建筑的外窗面积不应过大，各朝向的窗墙面积比，北向不应大于 0.45，东西向不应大于 0.30，南向不应大于 0.50。《夏热冬冷地区居住建筑节能设计标准 JGJ134－2001》[6] 虽未对各朝向的窗墙面积比作硬性规定，但其针对不同朝向、不同窗墙面积比的外窗规定了其传热系数，详见表 6-2。

山语城居住区所处的贵阳市虽然在全国区域划分上属于夏热冬冷地区，但其地理位置却临近夏热冬暖地区，"冬冷"效应并不十分突出，最冷月（1月份）平均气温在 4℃～6℃。因此，在对山语城居住区窗体布局进行节能设计时，建议可参照《夏热冬暖地区居住建筑节能设计标准 JGJ75－2003》确定。鉴于贵阳市气候较为温和，平均风速又不高，在满足窗墙比设计标准要求的前提下，应增加可开启的窗体面积比率，尤其是朝向主导风向的可开启窗体比率。这样既可以保证住宅建筑达到较好的节能效果，又能获得较好的自然通风效果。

表 6-2 不同朝向、不同窗墙面积比的外窗传热系数[6]

朝 向	窗外环境条件	窗墙面积比≤0.25	窗墙面积比>0.2且≤0.30	窗墙面积比>0.3且≤0.35	窗墙面积比>0.35且≤0.45	窗墙面积比>0.45且≤0.50
北(偏东60°到偏西60°范围)	冬季最冷月室外平均气温>5℃	4.7	4.7	3.2	2.5	—
	冬季最冷月室外平均气温≤5℃	4.7	3.2	3.2	2.5	—
东、西(东或西偏北30°到偏南60°范围)	无外遮阳措施	4.7	3.2	—	—	—
	有外遮阳(其太阳辐射透过率≤20%)	4.7	3.2	3.2	2.5	2.5
南(偏30°到偏西30°范围)		4.7	4.7	3.2	2.5	2.5	—

另则,贵阳市空气湿度较大,宜适当增加住宅建筑朝阳面窗墙比率,从而增加自然采光量,避免室内家具由于受潮而发霉。山语城居住区住宅建筑多为坐北朝南设计,其东西面除满足必要的通风设计需求外,窗墙比率不宜过大。建筑北面多为阴面,采光条件较差,而贵阳市冬季气温也并不太低,故北面窗体的设计应该更加注重其采光性能,其保温隔热性能通过窗体构造的优化和密闭性能的加强实现即可。结合以上分析和相关标准,建议山语城居住区住宅建筑采取各朝向窗墙比见表 6-3,并保证各朝向可开启窗体比率达到50%左右。

表 6-3 山语城居住区住宅各朝向适宜窗墙比

朝 向	北	东或西	南
窗墙比	0.35~0.40	≤0.20	0.40~0.45

窗体的构造决定其传热系数,其构造特征主要包括其所选用的材料和结构特点。由于不同的玻璃材料对热量的阻隔效应不同,因此为达到较好的采光效果并实现热传递的有效阻隔,玻璃材料的选择十分重要。从太阳辐射的能量分析来看,可见光的能量约占1/3,其余的2/3主要是热辐射能量。普通透明玻璃的透射范围在0.31~51μm之间,刚好与太阳光谱区域重合,因此选用可见

光透射性适当且对红外线有良好阻挡效果的玻璃是窗户节能的关键。

窗体的内部结构也显著地影响着其传热系数。例如：双层中空玻璃既能有效地降低传热系数，又能显著地阻隔外界噪声的传入，同时对采光效果没有明显的干扰；有色玻璃或镀膜方式虽可通过增加太阳光的反射率而降低室内外的能量交换，但却显著降低了采光水平，适用性相对较差；在发达国家应用较多的 LOW－E 中空玻璃，虽具有较好的采光效果和保温隔热性能，但成本相对较高，中小城市（镇）以及经济欠发达地区还无法接受。不同构造玻璃的性能见表 6-4。

表 6-4 不同构造玻璃的性能比较分析[7]

玻 璃 名 称	玻璃种类、结构	透光率（％）	遮阳系数 Sc	传热系数 U冬	（W/m² · K） U夏
透明中空玻璃	6C＋12A＋6C	81	0.87	2.75	3.09
热反射镀膜中空玻璃	6CTS140＋12A＋6C	37	0.44	2.58	3.04
高透型 LOW－E 中空玻璃	6CES11＋12A＋6C	73	0.61	1.79	1.89
遮阳型 LOW－E 中空玻璃	6CEB12＋12A＋6C	93	0.31	1.66	1.70

说明：6C 表示 6mm 透明玻璃，CTS140、CES11、CEB12 分别是南玻热发射玻璃和 LOW－E 玻璃。传热系数是美国 ASHRAE 标准条件下的数值。

从表 6-4 可以看出，在保温隔热性能方面，LOW－E 中空玻璃的传热系数明显低于透明中空玻璃和热反射镀膜中空玻璃；在采光效果方面，LOW－E 中空玻璃与透明中空玻璃相当，其中遮阳型 LOW－E 的透光率高于透明中空玻璃，高透型 LOW－E 中空玻璃低于透明中空玻璃，而热反射镀膜中空玻璃的采光效果则较差，透光率仅为 37％。综合考虑贵阳市气候条件特点和各种玻璃的性能特征，对山语城居住区住宅建筑窗体选择建议如下：由于贵阳市气候温和但日照时间较少，窗体选择宜优先考虑其采光性能，在住宅建筑的南、北两向采用遮阳型 LOW－E 中空玻璃，以保证获得较好的自然采光效果；住宅建筑的朝向决定其东、西向对采光的需求较低，且东、西向窗墙比率亦较低，可选用普通的透明中空玻璃。这样，既在一定程度上节约了成本，也不会大幅降低整个建筑体的节能性能。

此外，在阳光照射较为强烈的地区，外遮阳对于住宅建筑的整体节能效果也有较为显著的效果。研究表明，普通的简易遮阳措施就可以阻挡50％～85％的太阳辐射，减少约30％的空调能耗。但外遮阳在阻止太阳辐射的同时，也显著影响了室内的自然采光效果，可能导致照明能耗增加。贵阳市日照时间较短，夏季也少见酷暑天气，建议山语城居住区住宅建筑仅在朝阳面设置可调节遮阳装置，如采用铝合金百叶或木百叶遮阳；也可以不采取外遮阳措施，而通过其他措施（如在窗的内侧悬挂窗帘、百叶等）来调节太阳辐射和保障自然采光量。

6.1.2 照明系统的节电节能

据统计，我国照明用电量已达到总用电量的10％～12％，在终端用电中仅次于电动机居第二位，因此照明系统的节电节能是居住区能源节约体系的一个重要组成部分。照明节能技术主要可以采取以下三种方式：

1. 安装节能灯

根据欧盟的一项研究结果表明：大约14％的电力是照明消耗掉的，如果将白炽灯全部改成节能灯，那么这部分电力可望节省80％。在我国，照明用电亦达到了总用电量的10％以上，而且由于经济发展和技术条件的相对滞后，我国的照明系统存在较大的电能浪费现象。

当前，我国住宅建筑室内照明系统多使用T8型日光灯，且居住区内的交通照明还停留在使用白炽灯的时代。专业数据显示，在室内照明方面，相对于T8型日光灯，使用T5型节能灯可以使使用期间的电耗下降42％。除此之外，T5型节能灯比T8型日光灯还具有其他多方面的优势（见表6-5）。在价格方面，T8型日光灯约为10元，而T5型节能灯在40元左右。按照每户使用5只照明灯具、每天每只照明灯具使用6小时、每度居民电价0.45元计算：

（1）使用T5型节能灯5年的总费用是：

（6×365×5÷10000）×5×40＋（24×5×6×365÷1000）×0.45×5＝800.3元。

（2）使用T8型日光灯5年的总费用是：

（6×365×5÷5000）×5×10＋（36×5×6×365÷1000）×0.45×5＝996.45元。

　　尽管 5 年间每户使用 T5 型节能灯比 T8 型日光灯节约近 200 元，居民可以熟视无睹，但对于居住 14000 余户的山语城社区而言每年可节约 56 万余元，且随着节能灯具规模化生产后的持续降价和电价的提升，则经济效益亦十分可观。更为重要的是在节能灯的使用过程中，可显著地降低电耗水平，从而减轻城市供电压力和发电造成的空气污染及温室效应。

表 6-5　T8 型日光灯与 T5 型节能灯性能比较[8]

项目	T8－36W 电感式日光灯	T5－28W 节能灯	备注
功率	实际功率 42W	实际功率 24W	节电率 42％
电流	0.30A	0.11A	电流明显下降
功率因数	0.50 左右	0.95 以上	功率因数明显提高
亮度	2500Lm	2900Lm	亮度提高 20％
照度	2 米处 45 度角:112Lx 2 米处垂直角度:144Lx	2 米处 45 度角:122Lx 2 米处垂直角度:153Lx	照度提高 20％
显色指数	Ra≤65 被照物体颜色比自然光照时有偏差	Ra≥80 被照射物体颜色更鲜亮,与自然光照效果相当	肉眼感觉明显区别
寿命	约 5000 小时	10000 小时以上	T5 是 T8 的 2 倍
光衰	新光管使用 3 个月左右会出现亮度下降	使用 1 年左右才会出现	亮度保持时间更长
其他比较	有频闪,对视力有伤害,眼睛容易疲劳胀痛	无频闪,接近自然光的照明环境,眼睛不易疲劳	肉眼感觉明显区别
	有工频噪音、发热量大	无噪音、基本不发热	感觉非常明显
	含汞量 6～9mg,对环境污染大,对人体辐射大	含汞量 3mg,对环境污染小,基本无辐射	真正实现绿色环保

　　在室外照明方面，居住区道路交通照明如果全部使用 8W 节能灯，则有望比白炽灯道路照明系统节电 80％。且通常情况下，节能灯的使用寿命是白炽灯的 5 倍，光效也比白炽灯更佳。尽管初始成本要高出几倍，但价格的差距可以由随后的使用中节省弥补，从长期来看是经济可行的。此外，近几年兴起的先进高效的电光源——LED 灯（Light Emitting Diode），具有发光效率高、电压低、电流小和寿命长等优点，在景观照明方面也有较广阔的应用前景。通

常，LED 灯的工作电压是 2～3.6V，工作电流是 0.02～0.03A，即功率不超过 0.1W。[9]

通过以上分析，对山语城居住区照明系统提出以下建议：

（1）在室内照明系统中，通过宣传和联系厂商批量购买等形式，督导居民采用 T5 型或具有相似节能性能的节能灯。

（2）在道路照明系统中，应积极采用 8～12W 的节能型灯具，并通过太阳能光伏转换技术实现部分或全部的道路照明供电。

（3）在景观照明系统中，宜采用 LED 节能灯，并应用太阳能光伏转换技术实现景观照明零电耗。

2. 安装照明节电器

照明节电器是一种以晶闸管（电力电子功率）为基础、智能数字控制电路为核心的电源功率控制电器，具有效率高、无机械噪声和磨损、响应速度快、体积小、重量轻等诸多优点。照明节电器具有启动（全压启动或软启动）、调节电压、节能运行、稳压运行、供电谐波滤波、浪涌电流吸收、自动启停控制和运行状态检测等多种功能，可以起到稳压、滤波、提高功率因数的作用，达到节能与延长灯具使用寿命的目的。[10]照明节电器适用于电能质量不稳定的地区，在电能质量较好的建筑物中并没有明显的效果，有的反而会降低建筑物中的照明亮度。

根据对贵阳市金阳新区市级行政中心节能改造前后的对比分析显示，安装照明节电器后，灯具照明耗电量减少了 26.7%，同时延长了灯具的使用寿命，降低了电缆线路电流，提高了电缆承载能力，消除了不安全发生因素。由此可见，照明节电器的节能效果虽然不如节能灯具明显，但仍具有一定的节能潜力。因此，山语城居住区在建筑设计和建设过程中，对于住宅楼和学校、商场等公共建筑可依据电源的稳压状况考虑是否采用照明节电器。

3. 照明控制系统

照明控制系统对照明系统的节能亦具有不可忽视的作用。例如：居住区内部道路照明如果仅采用人工手动控制的话，人为的疏忽可能导致整个居住区道路照明在白天出现"长明灯"现象。这种情况所造成的电能浪费是节能灯具和照明节电器所不能弥补的，因而有效的照明控制系统能够较好、智能地控制照明系统的开启时间和照明亮度，减少电能浪费。

针对山语城居住区照明控制系统提出如下建议：

（1）居住区内部道路照明系统宜采用智能化的集中控制体系，并按时令变化对道路照明系统的开启和关闭时间进行调整。在技术和经济条件允许的情况下，亦可以采用光敏控制系统对照明系统进行智能化控制。

（2）住宅建筑内部公共照明，包括走廊、楼道、地下室、车库等处的照明，宜采用声光控延时开关，实现"人来灯亮、人去灯熄"，既杜绝"长明灯"现象的发生，也可免去在黑暗中寻找开关的麻烦。

（3）景观照明系统的照明灯具宜根据其所处位置采取不同的控制方式。建议在公共绿地区域和其他景观集中的区域采用集中控制方式，可以考虑和道路照明控制采用同一智能控制体系；对于较为偏远区域的景观照明，则建议采用选择时延较长的声光控延时开关，这样既可以保证"人来灯亮、人去灯熄"，又可以使人们有一定的时间驻足观赏。

6.1.3　可再生能源利用

贵阳市是一个能源结构较为单一的城市，主要以煤为主，石油和天然气供给相对紧缺。风能、地热能、生物质能和太阳能等 4 大主要可再生能源的利用虽然受地理条件、气候影响等的制约，但借助一些技术条件的支撑，在一定程度和规模上仍可使再生能源得以有效利用。就山语城居住区而言，地热能和生物质能由于能量来源的限制不可以改变，不具备应用的物质条件；贵阳市虽然平均日照时间较短，但是可通过一定的技术和设计创新，实现太阳能在局部领域小规模的应用；大规模的风能利用需要占用大量土地，但也可以通过设计创新实现在小范围内的利用。

1. 太阳能热水系统

太阳能热水系统是利用太阳能集热器，通过收集太阳辐射能把水加热的一种装置，是目前太阳热能应用发展中最具经济价值、技术最成熟且已商业化的一项应用产品。随着人民生活水平的提高，生活热水的需求量将持续上升。发展太阳能热水系统作为居民制备生活热水的主要方式，将有效降低生活热水消耗增长对能源供给和环境保护带来的巨大压力。

贵阳市年平均日照时间较短和山语城居住区以高层住宅建筑为主体等客观条件的限制，给太阳能热水系统的应用增加了难度。尽管贵阳市素以"天无三日晴"称谓，导致当地似乎难以开发利用太阳能，然而事实并非如此悲观。据当地太阳能热水器用户普遍反映，每年3—10月份，一天内日照时间只要持续6~7个小时，太阳能热水器的储水箱水温就可达70℃~80℃，并可以保持3~4天，基本能解决3—10月份的生活热水需求。[11]另则，随着科学技术的不断进步，目前市场上已经出现了专用于气候较凉寒、日照时间较短、太阳辐射强度较小、水温较低的高原地区的新型太阳能热水器，即使在多云或半阴天气，这种新型太阳能热水器也能产生较高温度的热水。此外，高层住宅建筑给太阳能热水系统应用造成的障碍也可通过采用立面安装等设计创新和技术创新加以解决。鉴于此，山语城居住区太阳能热水系统可采用以下方略：

（1）充分利用屋顶面积，开展太阳能热水系统的应用。建筑屋顶较为开阔，且无障碍物遮挡，太阳能可以得到较好的利用。针对屋顶太阳能利用和屋顶绿化之间的冲突，建议构建屋顶花架式太阳能热水系统。即在建筑屋顶竖起2~3m高的混凝土或钢花架，太阳能集热器安装在花架上，花架下方在保证屋顶功能用地的基础上，采用种植耐旱植物，以增加居住区的整体绿化率。[2]由于山语城居住区以高层住宅为主体，屋顶往往风速较大，集热器选型和安装必须经过详细的风荷载计算。

（2）由于高层住宅住户多、建筑屋顶面积有限，立面太阳能热水系统将成为未来城市太阳能热水系统的发展热点。立面太阳能热水系统主要包括阳台栏板式、墙面式、遮阳板式。阳台栏板式太阳能热水系统已在不少地区居住建筑中得以实际应用，墙面式太阳能热水系统相关安装要求已编入国标《民用建筑太阳能热水系统应用技术规范》（GB50364－2005），但由于种种原因目前仅在少数示范工程中被采纳；遮阳板式太阳能热水系统尚处于概念阶段，国内尚未有应用实践。

山语城居住区可以考虑开展阳台栏板式、墙面式太阳能热水系统的可行性调研，通过技术创新和设计创新，解决阳台栏板式、墙面式太阳能热水系统开发应用过程中遇到的问题，如果开发设计成功，必然成为山语城居住区生态文明建设的一大亮点。前期工作可由开发商联系有关技术部门、生产厂家调研和试点，然后由生产厂家与居民签订安装合同并付诸实施，但在住宅设计和建设过程中应预留安置的空间和配备相应的构件。

2. 太阳能照明系统

虽然贵阳市年平均日照时间较短，但由于道路照明和景观照明的用电量并不大，加之节能灯具的使用使其用电量进一步降低，完全可以通过太阳能光电板完全或部分实现道路照明和景观照明的供能。太阳能照明系统在发达国家和国内一些发达城市的居住区已被付诸实践应用，技术也相对成熟。山语城居住区可积极吸纳国内外太阳能照明系统建设的经验，在道路照明和景观照明方面设计安装太阳能光电板，进而扩大太阳能的利用领域，以提高居住区可再生能源利用的整体水平。

3. 风能发电系统

贵阳市地处山地丘陵地带，复杂的地形条件使得在该区域内很难获得稳定的定向风。根据相关统计资料，贵阳市全年主导风向北偏东，夏季主导风向南偏东，晴天多南风，雨天多北风，年均风速 2.2m/s，短时最大风速 20m/s。较小的年均风速和不稳定的风向给贵阳市风能利用带来一定的困难。山语城居住区处于贵阳市中心西南部，居住区周边的山丘和高楼林立使得其风能利用的可能性进一步减小。此外，风能利用往往需要占用较多土地，这与居住区用地紧缺情况和建设生态文明居住区的节地原则相违背。因此，山语城居住区开展大规模的风能利用在技术上和经济上均不具有可行性和可操作性。

然而，山语城背靠山体，地势较高，住宅建筑亦普遍较高，从而又为风能利用创造了有利条件。为了建设生态文明居住区和在风能利用方面亦能起到积极的试点示范作用，山语城可采用先进的风能利用技术，借助山体和高层建筑屋顶建造小规模的风能发电系统，以解决道路、部分公建和核心景观区的用电，并且作为标志性建筑物可直观地传达生态文明居住区的特征和理念。

6.1.4 公共建筑节能

公共建筑的能源使用形式与住宅建筑有相似之处，但也存在诸多不同。公共建筑能源主要消耗于照明系统和空调系统，且其能源消耗多集中于白天，夜间的能源消耗水平较低。清华大学建筑节能研究中心专家认为，对于公共建筑而言，空调能耗是最主要的，占到公共建筑总能耗的 40%。[12] 因此，公共建筑节能措施除提高公共建筑自身的节能性能和采用节能型灯具、智能型控制开关外，须重视对其空调系统进行特别的节能设计。

公共建筑通常采用中央空调系统，在主机和水泵等设备的型号选择上，既要满足实际需求，又不能盲目攀比。相关研究表明，我国大多数公共建筑都存在空调系统的选型大于其实际负荷需求的现象，造成大量的能量浪费。山语城住区在空调系统设计安装前，建议聘请有经验的专业人员对各公共建筑的预期负荷需求做出科学合理的预算和估计，并以此作为各公共建筑空调系统的选型依据，促使其空调系统与实际需求相吻合。

自动控制和变频控制技术对于中央空调系统的能耗具有显著的影响。中央空调自动控制技术能够方便地与楼宇自动控制技术实现集成联网控制，根据商业建筑实时负荷，调整主机和其他空调设备，在保证室内温度和湿度的前提下，以尽可能地节约能源。[13]中央空调自动控制系统包括冷热源（制冷主机、锅炉等）控制、水泵（冷冻泵、冷却泵、热水泵、补水泵等）控制、冷却设备（冷却塔、冷却井）控制、末端设备（新风机组、组合式空调机组、风机盘管等）控制，以及各种风机、阀门等的控制。变频控制技术是根据实际空调需求改变空调系统的转速，从而降低空调系统的能量消耗。由 $N = 60f/P$ [14]可知，改变电动机的输入频率 f 可以改变电机的转速 N ，而功率 P 与转速 N 的关系为 $P_1/P_2 = (N_1/N_2)^3$ 。因此，如果把电机的转速控制到原来的一半，此时所需要的轴功率仅为原来的 $(1/2)^3 = 1/8$ 。

在中央空调的水系统设计中，冷冻水泵、冷却水泵以及冷却塔中风机的容量都是按照建筑物最大设计负荷选定的，但是空调实际负荷在全年绝大部分时间内远比设计负荷低，而且负荷率在 50% 以下的运行时间要占一半以上。因此，根据实际负荷的变化采用变频控制方式调节风量或水流量，将能显著地降低空调系统的能源消耗。[15]有实例表明，对于 3 万 m^2 的公共建筑，安装变频控制装置后，运行两年所节约的电费就可以收回其成本。[16]由此可见，变频控制技术不仅在技术上是可行的，在经济上也是有益的。

基于上述分析，山语城居住区对各公共建筑尤其是大型的公共建筑如商场、会所等，宜采用中央空调的自动控制和变频控制技术，以节约电力、能源消耗和减少污染物的排放。

6.2 节地

随着我国城市化进程的加快，城镇人口越来越多，住宅的需求量逐年增加，大、中型城市住宅，尤其是城市中心附近住宅的用地日趋紧张。充分开发利用荒山、劣地、山地和坡地等利用率较低的地块，创造性地进行合理设计，不仅可以节省土地资源，亦可以创造出独具特色的空间形态。此外，如何在符合地区规划部门规定的前提下，提高土地使用率，改善居住环境，这是开发商及规划设计人员共同面临的问题。

山语城位于贵阳市西南部太慈桥区域，距离市中心核心商业区仅 5km，其土地资源十分宝贵。为了高效地利用有限的土地资源，从选址与建筑构造、地下空间开发和立体绿化设计等 3 个方面进行相关分析与提出改善建议。

6.2.1　选址与建筑结构

山语城居住区规划用地以山地为主体，内部地形结构较为复杂，各部分在平整度、连续性以及可达性程度上存在较大差异。住区内中间东西向部分面积较大，地势较为平坦，但与西部林地结合处为峭壁，存在较大高差；北部为小块采石场，地势平坦，但东、西、南三侧均为峭壁；西部、南部为林地保护区，与内部平地存在较大高差；东部则为陈旧民宅、水泥厂及小规模菜地。由此可见，山语城居住区的选址符合国家关于"在有条件的地区，要尽可能利用荒地、劣地、坡地建设住宅"的相关节地政策，在选址上已对土地资源的节约做出了一定的贡献。

另则，山语城是以高层住宅为主体的居住区，高层住宅建设本身就可以节约大量的土地资源。此外，在同等建筑面积前提下，高层住宅建设可以有效降低居住区总体建筑密度，避免居住区内部在空间上显得过于拥挤。山语城居住区规划设计容积率 3.0，建筑密度却仅为 18%，在解决 1.4 万户约 4.5 万人居住问题的同时，为居住区的绿化和景观预留了较大的用地空间，从而为居住区室外休闲和特色景观的开发、打造提供了必要的基础和前提。

根据相关调查统计，山语城周边其他居住区的平均容积率仅为 1.34 左右，若按此容积率计算，要解决 4.5 万人口的居住问题，将耗用相当于山语城居住区规划用地面积 2.24 倍的土地资源。也就是说，由于山语城居住区的高容积率设计，节约了近 1.24 倍的规划用地，即 115.7 公顷的土地资源。由此可见，山语城居住区的高容积率设计对土地资源紧缺的贵阳市解决民众安居问题做出了巨大贡献，这是其打造生态文明居住区的一大标志和亮点，当属市政府推广的示范试点工程。

6.2.2 地下空间开发

地下空间的合理开发是节约土地资源的另一重要形式。按照地下空间开发形态的不同，可以分为室内地下空间和室外地下空间。室内地下空间是指以建筑物基底为开发范围而形成的地下或半地下空间，其主要用途是停车、存储和设备安置等；室外地下空间是在非建筑物基底开发形成的地下或半地下空间，其主要目的是解决室外停车问题。结合目前的规划和建筑设计，山语城居住区地下空间的开发可采取以下形式予以完善：

1. 室内地下空间开发

山语城居住区在住宅建筑的设计与开发过程中预留两层地下空间，但上层宜采取半地下形式。这样，一方面，可以解决首层住宅房屋的防潮问题；另一方面，可以使该半地下空间获得较好的自然采光和通风效果，从而降低其照明能耗和环境污染。上层半地下空间宜作为住宅用户的停车场空间，而下层全地下空间宜用于构建建筑内中水处理系统和安置其他管道。

2. 室外地下空间的开发

山语城居住区规划用地以山地为主体，这给规划设计带来了一定难度，但也为室外地下空间开发提供了得天独厚的条件。为此，可以充分利用天然地形特征和不同地块之间的高度差异，合理设计和打造独具特色的半地下空间为车库，顶部用于景观或绿化。这样，既可获得较好的环境质量并降低车库照明能耗，同时实现节地、美化园区和有效解决室外停车问题之目的。

通过室内外地下空间的开发，可以节约大量的土地资源。如果按照以上建议估算，室内地下空间可节地 $33.64 \times 10^4 \, \text{m}^2$，室外地下空间开发可节地 $3.2 \times 10^4 \, \text{m}^2$，两者共节地近 $37 \times 10^4 \, \text{m}^2$，约为山语城居住区规划用地的 39.5%。可见，地下空间的开发利用对于土地资源的节约具有较大的潜力。

值得指出的是，按国家住区有关停车场达到每户 1 辆车位的设计标准要求，山语城住区需要 1.4 万余个车位，势必使上述地上地下空间的开发难度加大。鉴于山语城住区距市中心区较近，且伴随能源紧缺、用养车成本愈益增大、环境污染不断加剧、行车拥堵日渐烦扰和城市公交的日益发达，因而建议停车位按每户 $0.8 \sim 0.9$ 个设计和建设即可。这样，既可满足居民的停车，又能节地、节能、节材、环保和节约投资及居民的生活开支。

　　为了满足无车居民的远郊旅行或出行自由、方便，建议市政府能以优惠税收政策等措施支持市公交系统或企业开办汽车短期租赁公司。这一"多赢"、多方受益的措施在国外和国内部分大城市早已风行，亦势必成为贵阳市未来宜采用的有效策略。另则，国内城市住区如北京为数不少的住宅区虽已按每户 1 个车位建立了地下停车场，但因车位成本高，居民不愿承付，结果使高投资建设的地下停车场大量闲置，而地面停车拥挤不堪，污染和安全事故已令居民生厌。因此，贵阳市政府有关部门审核山语城建设规划时应充分考虑上述困惑，且不宜在其他住区推行这种劳民伤财的"一户一车位"建设准则，而积极发展汽车租赁业务不啻为上策。

6.2.3　立体绿化设计

　　绿化用地是居住区用地规划中比率较大的一块。根据我国《城市居住区规划设计规划》中关于绿地率的规定，新区建设不应低于 30％，旧区改建不宜低于 25％。山语城拟建成生态文明居住区，在绿化方面不能仅仅满足于上述规范对绿地率的要求，而应从居民对环境和景观质量的需求角度出发，使绿地率达到 35％以上。然而，绿化通常需要占用大量土地，与居住区节地原则形成冲突，为此，实施立体绿化是其有效的解决途径。

　　立体绿化可以采取多种形式，如阳台绿化、墙体绿化、屋顶绿化等。阳台绿化是实施立体绿化的常用形式，既可以提高居住区的绿地率，也可以有效地改善阳台景致，使阳台显得更具美感和柔性。山语城居住区以高层住宅为主体，阳台绿化具有很大的实施空间和潜力。

　　墙体绿化是利用具有一定攀缘性的植物构建的立体绿化，其在一定程度上既可增加建筑体的"绿意"，也能有效地阻止阳光对墙体的直接照射，从而降低室内外能量交换量。山语城住宅建筑大多为 30 层以上，实施墙体绿化具有较大难度，而在公共建筑和别墅类住宅开展墙体绿化则具有可行性。屋顶绿化有助于隔热和丰富建筑物的观赏特性，既可以在低层建筑开展，也可以在高层建筑实施。值得指出的是，山语城住宅建筑由于楼层较高，屋顶气候条件较差，昼夜温差较大，在进行屋顶绿化时应选择耐性较优的植物物种。

　　立体绿化的节地潜力可以按照以下方式估算：

　　（1）阳台绿化。阳台绿化主要在高层住宅建筑的阳台实施，由于阳台绿化增加的绿化量可以用户均阳台绿化量乘以居住区户数得出。假定户均绿化量为 $0.3m^2/$户，则山语城阳台绿化增加的绿化量为：

$0.3m^2/$户$\times14062$户$=4218.6m^2$

即阳台绿化可节约 $4218.6m^2$ 的绿化用地量。

（2）墙体绿化。墙体绿化量与墙体面积有关。关于墙体绿化量的估算作如下假定：公共建筑墙体面积为其建筑面积的 20%，住宅建筑墙体面积为其建筑面积的 30%；并假定墙体绿化在低层的公共建筑完全实施，而高层住宅建筑仅在地上三层实施。基于以上假定，可以计算得出山语城墙体绿化增加的绿化量为：

$5\times10^4m^2\times20\%+165.40\times10^4m^2\times30\%\times3/30=5.96\times10^4m^2$

（3）屋顶绿化。屋顶绿化增加的绿化量可以按照屋顶面积的 70% 估算求得，山语城屋顶绿化量为：

93.32 公顷$\times18\%\times70\%=11.76$ 公顷$=11.76\times10^4m^2$

从以上估算可以看出：采用立体绿化总共可以节约的绿化用地面积约为 $0.42+5.96+11.76=18.14\times10^4m^2$，其中屋顶绿化的效果最优，墙体绿化效果次之，阳台绿化的作用最小。总体而言，实施立体绿化不仅有助于美化景观、改善环境，亦可使山语城为节约土地资源做出相应的贡献，但较之住区地下空间的开发，立体绿化的节地潜力较小。

6.3　节水

贵阳市地处我国喀斯特地貌的中心地带，由于岩溶地貌渗漏性强，不容易形成蓄水；加之山高坡陡峡谷深等诸多原因，亦给水库建造带来了巨大障碍。虽然贵阳市年入境水量为 $134.4\times10^8m^3$，但开发利用难度大，开发利用率仅为 25% 左右。这意味着尽管贵阳市境内有大小河流 98 条，但由于水库少，大量的河水白白流走，这种望水兴叹状况属工程性缺水。

据统计，贵阳市人均水资源占有量只达到全国水平的一半，低于国际通行的水资源警戒线人均 $1700m^3$ 的标准。由此可见，贵阳市在一定程度上属于相对缺水的城市。在城市用水中，居住区用水是重要的组成部分。山语城拟建设成生态文明居住区，在水资源节约方面须起到积极的示范作用，这需要居民和开发商的共同作为。居住区用水主要有生活用水、景观绿地用水和公共建筑用水，借此进行节水潜力分析，并对其节水技术和措施提出相关建议。

6.3.1　生活节水

生活用水是居住区用水的主要形式，其水资源利用效率的高低对整个居住区的节水效果具有重要影响。生活用水节约的措施除居民自律外，主要包括节水型器具的使用、中水回用系统的设置和出流水压控制系统的调节等 3 个方面，现依次分析和探讨节水方略于下。

1. 节水型器具

（1）节水型水龙头。普通水龙头往往因技术结构落后、质量差、易坏易漏，在使用过程中存在严重的水资源浪费现象。节水型水龙头则通过改造和完善其内部结构，能够有效地控制使用过程中的出流流量，以提高水资源的使用效率，从而对水资源的节约具有显著的效果。目前节水型水龙头大多采用陶瓷阀芯水龙头，这种水龙头与普通水龙头相比，节水量一般可达 20％～30％；与其他类型节水龙头相比，价格也较为便宜。[17]假定使用节水型水龙头的用水量占生活用水量的 50％，节水型水龙头的节水率按照 25％进行估算，则在山语城居住区采用陶瓷阀芯水龙头较之使用普通水龙头每年节水量约为：

140L/人·天×45000 人×365 天×50％×25％÷1000＝28.74×10⁴m³

由此可见，在贵阳市水资源相对欠缺和居民用水量攀升的情况下，使用节水型水龙头是山语城必须采用的节水措施。

（2）节水型冲便器。研究表明，在家庭生活中，便器冲洗用水量约占生活用水量的 30％～40％。[18]因而，研制推广节水型便器冲洗设备意义重大，应在保证排水系统正常工作的情况下使用小容积水箱冲便器，否则将带来管道堵塞、冲洗不净等问题。[19]此外，两档水箱型冲便器在使用过程中可以根据使用需求的不同，选择不同的冲便水量，从而可显著地减少冲便器的用水量。若每人每天大便 1 次、小便 4 次，完全使用现有的 9L 单档冲便器（这是我国目前普遍采用的冲便器），[20]每人每天冲便用水量为 45L；而通过选用具有 3L 和 6L 两档的节水冲便器，则每人每天冲便用水量为 18L，即可实现 60％的节水率。

山语城是人口规模达 4.5 万人的大型居住区，其任何节水技术的应用和实施都具有显著的规模效应。按上述节水率估算，山语城居住区每天可节约冲便用水量 1215m³，相当于 8679 人的日生活用水量，而年节水量则高达 44.35×

$10^4\,\mathrm{m}^3$。可见，节水型冲便器的使用亦是山语城居住区生活用水节约必不可少的对策方略。

（3）节水型淋浴器。据统计，洗澡时的平均冲洗时间约为 $7\sim10\min$[21]。按照我国《建筑给水排水设计规范 GB—50015—2003》中的相关规定，以每小时 360L（6L/min）淋浴喷头进行估算，一次淋浴的最大出水量约为 60L。研究表明，安装一个节水型淋浴器，可以节约淋浴用水约 40%～50%左右。目前市场上比较流行的节水型喷头是增氧防垢沐浴喷头，依据流体力学的原理设计，对水流加压补气达到洗浴效果并节水的目的。相同水压下，增氧防垢沐浴喷头只需消耗普通喷头一半的用水量，就可以达到与普通喷头相近的使用效果。此外，增氧防垢沐浴喷头没有容水腔，水流直接喷射出去，停止使用后不会残留积水，减少水垢的产生机会。关于节水型淋浴器在山语城居住区能够带来的节水效果，可以采取如下方法估算。

假定山语城居民夏季每人每天洗澡一次，而其他季节每人三天洗澡一次，其中夏季按 90 天计，则居民使用普通喷头的年淋浴用水量为：

60L/次·人×（90＋275/3）次×45000 人÷1000＝49.05×$10^4\,\mathrm{m}^3$

在使用增氧防垢沐浴喷头的情况下淋雨用水量则为其一半左右，即可实现年节水 24.53×$10^4\,\mathrm{m}^3$ 左右。由此可见，其节水效果与节水型水龙头的节水效果相当。

值得指出的是，上述节水型器具的使用需要居民通过增强节水意识来自觉实施，亦需要贵阳市政府借助广泛宣传、水费梯度调节和限制非节水器具的市场准入等措施予以实现。

（4）供水管材的选取。供水管网的渗漏是造成水资源浪费的又一原因。根据相关研究，由于规划、管理、技术上的滞后，特别是维修资金的不足，我国某些地区供水管网漏水现象严重，水资源渗漏率高达 14%。[22] 另据测定，即使是滴水形式渗漏，在 1h 内就可以漏水 3.6kg，一个月漏水 2.6t；如果是以连续成线的小水流渗出，则其渗漏速率可达到 17kg/h，每个月损失水资源 12t。[23] 由此可见，管网渗漏是造成水资源浪费的重要因素之一，而造成我国供水管网渗漏的一个重要原因则是供水管材选取的不合理性。调查发现，普通钢管漏水 95% 是缘于腐蚀穿孔，而铸铁管漏水 75% 发生在承插口附近。连续浇注铸铁管材质致密性差，壁厚和承口厚度偏薄，管壁薄厚不均；而普通钢管管件，当丝扣松紧不均时，稍有外力，管件连接处首先损坏，容易造成管道漏水。此外，普通钢管和铸铁管的生产消耗了大量的铁矿石等不可再生资源，在生产过程中需要消耗大量能源，从整个生命周期来看，不符合节材和节能的原则。

山语城居住区以高层住宅为主体，为了保证上层供水水压，必须采取增压措施，而水压的增加往往会导致隐性水资源浪费现象的加剧。因此，山语城居住区在建筑设计和建设过程中，管材选取和施工质量显得更为重要。建议选用质量优、使用寿命长、稳定性好的新型管材，施工过程中加强监管和验收，以降低在供水系统运行过程中跑、冒、滴、漏等形式出现的隐性水资源浪费现象。目前，可供选择的新型管材主要有铜管、不锈钢管、聚氯乙烯管、聚丁烯管、铝塑复合管、高密度聚乙烯管等。塑料管与钢管相比，在经济上具有一定优势，且可以减少不可再生矿产资源的消耗。铜管和不锈钢管虽然造价较高，但与普通钢管和铸铁管相比，具有更好的抗腐蚀能力和较长的使用寿命，较适用于热水供应系统。因此，山语城居住区根据建筑区域和给水性质的差异，合理选择适宜的优质管材如下：

① 在冷水供应系统，建议选用聚氯乙烯管、聚丁烯管和铝塑复合管等新型管材。这样，既可以降低管道渗漏量，还可以降低不可再生资源的消耗量，以实现节水和节材的双重目的。

② 在热水供应系统和某些特殊领域，建议选用铜管或不锈钢管。由于铜管和不锈钢管导热率较高，在使用过程中须外加保温层，以减少由于热传递导致的热损耗。

③ 导致供水管网渗漏的另一个重要因素是施工质量问题，建议加强供水管网施工的监督和验收工作，决不能因为渗漏量小而忽略，以免长期渗漏造成水资源的大量流失。

2. 建筑中水回用系统

水资源的可持续利用，应首先尽可能地减少对新鲜水源的取用和消耗，嗣后须加强污水的回收利用，以减少对水环境的污染。显然，水资源的管理在重视开源、节流的同时须重视污水的再生利用。加强生活污水的再生利用，将一部分生活污水再生利用回到供水环节，实现一水多用，提高水的重复利用率，减少水的浪费和消耗，以全面节水和形成用水的良性循环。

相关研究表明，生活废水产生量大致为其使用量的 90%。山语城居住区建成后约有住户 14062 户，按照每户 3.2 人，人均日用水量 140L/d 估算，山语城居住区每天可产生生活废水约 6299.78m³。如此巨量的生活废水如果直接排入市政管道，必然对其造成沉重负担；如果直接排入居住区东面的小车河，则必然导致河水水质的严重污染。

生活居住区的废水往往水质污染轻、水量较为稳定，因而是很好的中水回用水源。如果对其适当处理并加以回用，既可以减轻市政管网系统的压力和减少环境污染，又可以变废为宝，节约大量的水资源。因此，中水回用技术的应用是居住区生态文明建设的必要举措和双赢选择。

山语城居住区以高层住宅为主体，完全可以建立每幢住宅楼独立的中水回用系统，将盥洗废水、洗涤废水和洗浴用水收集并通过简单处理回用于住宅建筑内的冲厕系统，多余的中水则可以通过管道系统回用于周边的绿地系统。这样可以实现优水优用、次水巧用，从而大量减少优质水资源的消耗。若按生活废水的最低目标30%实现中水回用计算，山语城居住区仅生活废水方面就可以实现年中水回用 $68.98 \times 10^4 \, m^3$，既可以为冲厕、洗车和景观用水开辟新的水源，也可以显著减轻山语城居住区给市政污水管网带来的压力。

3. 出流水压控制系统

超压出流是指给水配件前的静水压大于流出水头，其流量大于额定流量的现象。超出额定流量的那部分流量未产生正常的使用效益，是浪费的水量。在我国现有建筑中，给水系统超压出流现象非常普遍，如有55%的螺旋升降式铸铁水龙头（即普通水龙头）和61%的陶瓷阀芯节水龙头的最大出流量约为额定流量的3倍，[24]故应采取淘汰措施和积极采用新型节水技术措施控制这种超压出流现象的发生。

山语城居住区在供水系统设计工程中，为了使供水系统安全可靠及经济合理，可以采取竖向分区供水、安装减压阀、稳压阀、调压孔板、节流塞、节水阀芯等技术措施控制用水终端的出流水压，从而间接地起到节水作用。根据相关研究表明，采取这些措施后，一般可使总用水量降低15%~20%左右。[25]按此估算，山语城仅采取上述措施每年可节水 $45.99 \times 10^4 \, m^3$。

6.3.2 绿化节水

绿化用水量主要取决于绿地面积、植物种类和浇灌方式，绿地面积越大，水资源的需求量就越大；不同种类的植物对水资源的需求量也存在很大差异，本地物种往往较能适应当地的自然气候条件，需水量相对较低；浇灌方式的不同对于水资源的消耗量也具有显著的影响,滴灌和喷灌等节水型浇灌方式对于水资源的节约具有较大潜力。此外,由于绿化用水往往对水质的需求较低,一般生活废水或雨水经过简单的处理就可得以利用,因此中水回用和雨水利用对于减少优质自来水资源具有较大的贡献。

有鉴于上,本项研究拟从植物种类选择、浇灌方式选择、中水回用系统和雨水收集利用系统等方面对绿化节水进行分析和比较,并在此基础上为山语城居住区的绿化节水提出相应的对策建议。

1. 植物种类的选择

不同的植物对土壤、水分、气候的适应性存在很大差异,绿化植物种类的选择必须充分考虑其对当地自然条件的适应性,以期提高植物的种植成活率和降低其栽培及日常护理成本。一般而言,由于长期的"物竞天择",本地植物对于当地的自然条件比异地植物具有更好的适应性。因此,居住区绿化植物应以本地植物为主,在充分考虑不同植物的属性、乔灌草适当搭配的基础上,选择适宜的植物种类并进行合理的空间布局。

贵阳市属亚热带湿润温和型气候,夏无酷暑,冬无严寒,无霜期长,雨水充沛。因此,在植物种类选择方面,无须刻意选择耐旱型植物,可以适当栽培一些水分需求适中的植物对中水进行消纳和净化,也可以在小车河中种植适宜的水生植物,以起到美化景观和净化水质的双重功效。

2. 浇灌方式的选择

虽然贵阳市雨量相对充沛,但是充沛并不意味着可以随意浪费,在绿化用水方面应当重视对灌溉方式的选择。灌溉方式主要有人工灌溉和自动灌溉。山语城居住区面积较大,绿化用地布置范围较广泛,若采用人工灌溉则费力且不便于管理,灌溉不均匀,耗水量较大,对绿地长期的养护难以做到较好的保障。自动灌溉包括自动喷灌系统和自动滴灌系统,滴灌系统多用于缺水地区或植株不易喷水的植物的灌溉,但滴灌管道铺设量较大,经济成本较高;而喷灌系统适用于大面积的绿地灌溉,且具有较好的景观效果,同时能防止水土流失、提高绿地养护质量,在平时的管理中也能省工省时,比较适合于居住区绿化用地的灌溉。[26]

有鉴于上,山语城居住区绿化灌溉在硬件方面宜采用具有节水性能的自动喷灌系统,并使喷灌系统与中水回用系统实现连接,尽量减少甚至避免直接使用自来水作为绿化用水。在管理方面，则应当聘请园林专业服务公司承包经营或由物业公司聘请有经验的护理人员，要求其按照植物生长对水分的实际需求和气候变化对浇水时间、浇水量进行科学合理的安排，充分利用自然降雨，杜绝过度浇灌和水资源浪费现象。

3. 居住区中水回用系统

在住宅建筑内部构建独立的中水回用系统，以利于冲厕和阳台绿化等节水。然而，如果中水回用系统仅局限于住宅建筑内部，将会因其中水产生量大使用量小导致无法实现供需平衡。如果将过剩的中水直接排入市政污水管网，将造成在住区绿化方面尚可利用的水资源大量浪费。因此，在建立住宅建筑内部中水回用系统的基础之上，还应该构建小区级的中水回用体系，以实现整个居住区中水供需平衡和水资源利用效率的最大化。由于山语城居住区地形结构较为复杂，加之中水回用系统管道建造成本较高，因此建造单一、较大规模的小区级中水回用系统既不经济又不便利，而按各住宅组团规模配置适宜的中水回用系统，则可使中水实现就近回用和有助于节约建设开支。

4. 雨水收集回用系统

贵阳市属亚热带湿润温和型气候，受季风气候的影响，全年有明显的雨季和旱季之分。4—10 月份为雨季，多年平均降雨量达 1096.0mm，占年降雨量的 89％。11 月份至次年 3 月份属旱季，多年平均降雨量为 134.0mm。显然，贵阳市降雨量存在明显的季节变化，如不建立良好的雨水收集系统，容易造成雨季内涝、旱季缺水的现象。若能构建良好的雨水收集系统，则既可以用收集来的雨水作为绿化景观用水，减少水资源的消耗，也可以降低雨季地表径流量，防止内涝产生和减轻市政管网负担。

山语城居住区总用地面积 99.32 公顷（合 $99.32 \times 10^4 \mathrm{m}^2$），若能实现 30％ 的雨水回收并加以利用，在雨季可回收利用的雨水资源约为 $32.7 \times 10^4 \mathrm{m}^3$，能够满足大部分绿地的浇灌用水需求。雨水收集回用系统规模不宜过大，宜以居住区内组团作为雨水收集回用系统的建造单元，并应与各组团中水回用系统同时设计和建造，以实现管道合理布局与共用，从而减少管道建设成本。

6.3.3 公共建筑节水

居住区公共建筑的用水主要为日常办公用水、冲厕用水和景观用水，与住宅建筑相比较，公共建筑一般没有淋浴用水这一部分。在节水技术方面，公共建筑可以充分采用上述住宅建筑生活节水中所建议的措施，即安装节水型水龙头、安装两档式节水型冲便器、控制出流水压、选择密闭性能较好的管道材料等。除此之外，公共建筑由于自身的特点还可以采取下列节水技术：

（1）由于公共建筑中每次用水的时间较短，用水量较小，且其水资源具有准公共物品性质，容易因资源节约和环保意识淡薄而造成人为浪费，建议采用感应式水龙头或自动延时水龙头，以有效减少水资源的消耗。

（2）相对于高层住宅而言，居住区内的公共建筑高度相对较低，出流水压更易于控制，但亦须采用住宅类的先进技术措施，避免超压出流造成的水资源浪费。

（3）较之住宅楼群，山语城居住区的公共建筑更易于构建中水回用体系，可将其内部的日常洗涤用水和空调冷却用水回用于冲厕及景观，从而有助提高水资源的循环利用率和节约大量的优质水消耗。另则，由于公共建筑物高度普遍较低，可以考虑将中水回用设施置于建筑物顶部，以免地下开挖和节约建造成本。

6.4 节材

建筑节材是指通过各种技术和管理措施，对建筑材料进行选择和充分利用，减少建筑材料使用量，提高建筑材料的使用效率，尤其是降低不可再生资源的使用量和提高其使用效率。在建筑材料选择方面，应该尽量选择生产和使用过程中消耗能源、资源少，对环境造成的负面影响小的材料；在管理措施方面，应该提倡住宅建筑的一次性装修并加强施工期建筑材料的预算与管理，降低因管理不当造成的材料浪费。结合山语城生态文明建设的目标要求和节材的可行性，现分析和建议于下。

6.4.1 建筑设计对节材的影响

建筑材料主要用于构造住宅房屋的基本框架，因围护结构、内部布局等建筑设计的不同，将直接导致建筑材料需求量的显著不同。一般而言，建筑体的围护结构的造型越复杂，内部布局的结构越杂乱，所需使用的建筑材料将越多。简单并不一定意味着单调，恰恰相反，简洁的围护结构也能给人以特殊的美感。简洁明了的内部布局不仅能够节约大量的建筑材料，还能使得住房空间显得更加舒适、宜居。

山语城居住区在建筑设计过程中，应在保证建筑体美感的同时，力求使建筑体的围护结构简洁化和明了化，充分降低建筑体的体形系数，以使建筑体实现建筑过程中的节材和使用过程中的节能双重目的。而对于住宅内部的设计，则应力求简单化，除承重墙外，内部墙面设计不宜过厚，甚至在某些地方可以采用镂空墙面，这既能充分节约建筑材料，也能有效地增添室内环境的美观和提升住宅空间的文化气息及艺术品位。

6.4.2 使用"3R"材料和环保材料

"3R"材料是指可减量使用、可重复使用和可再生使用的建筑材料及产品。山语城住区建设在选择建筑材料时，应当充分考虑建筑材料在整个生命周期中对各种不可再生资源和化石能源的消耗，优先选择对不可再生资源和化石能源依赖度低的建筑材料。具体可以采取以下措施：

（1）采用高性能混凝土，以减少建筑中混凝土的使用量。

（2）利用粉煤灰和矿渣粉等工业废料取代水泥作为掺和料，以减少自然资源、能源的消耗和 CO_2 的排放。

（3）采用再生骨料混凝土，即可用废旧混凝土和建筑垃圾加工制成的骨料取代天然碎石，以节约天然石材资源，且使混凝土成为可再生利用的材料。

环保材料是指无毒、无害、无放射性、无挥发性有机物，且对环境污染小、有益于人体健康的建筑材料和产品。考虑建筑材料的环保性能时，应当全面考察建筑材料在生产、运输、使用、废弃、再生等整个生命周期过程对环境造成的影响。为此，山语城在选取建筑材料时应注重以下几点：

（1）采用已取得国家环境标志认可委员会批准，并被授予环境标志的建筑材料和产品。

（2）采用经过权威鉴定部门鉴定具有较好的环境属性和较低环境影响的产品。

（3）采用低挥发性、低毒性、低放射性的涂料或装修材料，在使用过程中按照技术规范，做好室内通风措施，避免室内空气污染。

6.4.3　提高就地取材率

建筑材料的选择应采取就近原则，既有利于减少材料搬运的人力、物力投入，又可以有效节约运输过程中的能源消耗，还可以减轻运输过程对环境造成的影响，并在一定程度上有利于促进当地经济的发展。通常认为，就地取材率是指距施工现场 500km 以内生产的建筑材料用量 $t_l(t)$ 与建筑材料总用量 $T_m(t)$ 的比例 L_m，[27] 即：

$$L_m = \frac{t_l}{T_m} \times 100\%$$

国家在《绿色建筑评价标准（GB/T50378－2006）》中对不同建筑体的就地取材率做出了相应规定：对于住宅建筑，要求至少 20％（按价值计）的建筑材料产于距施工现场 500km 范围内；而对于公共建筑，则规定 500km 以内生产的建筑材料用量占建筑材料总用量 70％以上（按重量计）。[28]

山语城的基质主要是石灰岩，曾是贵阳市一水泥厂的所在地。尽管这里不再生产水泥或难以满足住宅建造的质量需求，但开挖住宅地基的碎石可以成为混凝土的制作原料，天然石材资源可用于楼体下部墙面的装饰或步行道的铺设，山崖立面可雕刻岩画或用于攀岩。另则，贵阳市域或周边县市生产的水泥、石材可满足山语城建筑、道路、室内外装修、装饰的需要。因此，山语城在建设和施工过程中，应该优先考虑和选择距离施工现场近的建筑材料供应源，通过缩短运输距离降低建材的整体成本和减少运输过程对能源的消耗及对环境的影响，即在达到《绿色建筑评价标准（GB/T50378－2006）》的前提下，进一步提高建筑材料的就地取材率，努力将住宅建筑和公共建筑的就地取材率分别提高到 30％和 75％以上。

6.4.4　实施一次性装修

一次性装修亦称全装修，是指商品住宅在交钥匙前，所有功能空间的固定面全部铺装或粉刷完成，厨房和卫生间基本设备全部安装完成。由于历史原因，我国以前的商品房多以毛坯房形式出售，由住户对房屋进行二次装修后使用。"家底基本搞光，身体基本搞伤，生活基本搞乱，夫妻基本搞僵。" 2006 年"春晚"的这句经典台词，把"二次装修"的弊端概括得淋漓尽致。据统计，我国每年由于"二次装修"造成的经济损失高达 3000 亿元，约占住宅装修产值的 46％。

1999 年 7 月 5 日，建设部、国家计委、国家经贸委、财政部、科技部、税务总局、质量技术监督局、建材局等八部委共同做出了《关于推进住宅产业化，提高住宅质量的若干意见》。在该意见中，提出："加强对住宅装修的管理，积极推广一次性装修或菜单式装修模式，避免二次装修造成的破坏结构、浪费和扰民等现象。"2002 年 7 月 18 日，建设部制定并颁布了《商品住宅装修一次到位实施导则》（建住房 ［2002］ 190 号）。深圳市政府前不久公告，要求在 2010 年前全部实施一次性装修。国内其他城市亦积极行动，对住宅实施一次性装修已刻不容缓。

一次性规模化装修，既可以提高装修材料的使用率，又可以显著减少耗材、耗能和环境污染。相关研究表明，通过材料集中采购、提高装修劳动生产率、材料半成品化等措施，比较起个体手工作坊式的装修，可节省造价约 20％，缩短工期约 20％，[29] 可获得省心、省力、省财之显著功效。譬如：广州保利花园小区是国内较为成功地开展并获益于一次性装修的居住区之一。它不仅对室内装修，还对公共空间如屋顶、楼梯、走廊等也进行了装修；并依据居住消费适度超前的要求，将装修标准分为标准型、舒适型和豪华型三类按不同户型设计上百种方案供住户自行选择，且邀请住户参与局部设计。由于一次性装修将个人单购变为集团采购装修材料，结果使小区装修的整体成本下降了 15％～20％。[30]

为了建设生态文明住宅区和起到积极的节能、节材及环保示范作用，山语城可充分借鉴广州保利花园小区等国内开展一次性装修的成功经验，对住宅房屋按户型和消费类型划分等级（如标准型、舒适性和豪华型）实施一次性装修；并充分考虑住户的个性需求，邀请住户参与装修方案的设计或备留嗣后可调整的装修空间，以期在满足不同住户需求的前提下，显著降低装修过程中的材料浪费和对环境造成的不利影响。

6.4.5　加强施工过程管理

施工过程管理对于建筑材料的节约亦十分重要，健全而良好的管理制度和体系可以显著提高建筑材料的利用率和减少建筑材料的不明流失。

我国早在 1992 年就对建筑施工过程原材料的节约管理制定了《建筑工业节约原材料管理办法》，对施工过程管理体系的构建提出了一系列较缜密的建议。在管理体系方面，该办法第二章第八条规定：建材企业、事业单位要有主要负责人主管节材工作，明确相应的管理机构、工作人员和工作制度；第九条规定：各地区、各单位的节材工作，应实行责任制，各级节材管理机构应配备有业务能力和热心节材工作的干部和技术人员，并保持相对稳定。

在工作体系方面，该办法第三章第十八条规定：工程建设、设计、施工单位，要积极采用新技术，不断改进设计和施工工艺，加强对原材料使用的管理，严格执行按工程项目核算材料消耗的制度，减少和杜绝浪费，降低原材料消耗。

在宣传教育方面，该办法第五章第二十八条规定：各级建材主管部门和企业、事业单位要积极宣传节材的方针、政策和科学知识，以提高建材职工的节材意识和科技知识水平；第三十一条规定：各级主管节材工作的领导和节材管理人员，以及主要耗材岗位的操作工人，都应当有计划地接受节材的培训。

由此可见，我国对于建筑施工过程管理已有较为完整的规章制度作为指导。然而，由于该办法颁布较早，在节材环保意识淡薄、规章制度不够细致入微和缺乏奖惩机制的情况下，往往导致施工过程中节材措施执行不力、效果欠佳。山语城居住区在建设施工过程中，除了依照该办法的相关规定外，尚需针对该地区的社会经济特征和居住区工程的自身特点，拟从下述几个方面建立健全更为科学、适宜的管理方略：

（1）制定科学严谨的材料预算方案，尽量降低竣工后建筑材料的剩余率。在开展建筑施工前，应当对整个建筑工程中各类建筑材料的总消耗量做出科学合理的估算，避免由于过量购入导致最终大量建筑材料的剩余堆积。

（2）采用科学先进的施工组织和管理技术，制定严格的计量制度，明确各相关责任人的权责利，实施积极有效的奖惩策略。管理人员应当熟悉各种材料定额数据，设立材料进出台账、用料明细表等，对每次领用的材料标明其定额用量和实发数额，以杜绝建筑材料的不明流失。

（3）合理规划施工流程和优化用料结构，避免优材劣用、长材短用、大材小用等不合理现象，尽力把每一寸材料都用到最适宜的地方，以提高建筑材料的综合利用效率，减少建筑材料在使用过程中由于不合理利用而产生的建筑垃圾。

（4）积极宣传节材的方针、政策和科学知识，以提高建筑施工和管理人员的节材意识及科技素养。充分利用各种宣传工具，对在节材降耗中取得成绩的单位和个人及时予以宣传、表彰。有计划地开展节材知识培训，以提高承建施工单位各级主管节材工作的领导、管理人员及主要耗材岗位的操作工人的节材意识和技能。

建设山语城生态文明住区，不仅是开发商的神圣职责，亦是建筑设计和承建施工单位义不容辞的义务，需要开发商与建筑设计和施工单位联手合作。为此，开发商需要在保障建筑功能和质量的前提下，要求建筑设计单位积极采取先进有效的节材技术方案，会同施工单位制定严格的管理措施；并通过审核建筑单位的节材技术方案说明和评估，借助监理单位对施工过程的监控，实现建筑设计和施工过程的全程节材及环保。

参考文献：

[1] 周燕，闫成文，姚健等 . 居住建筑体形系数对建筑能耗的影响[J] . 建筑设计研究，2007，25（5）：115—116.

[2] 清华大学建筑节能研究中心 . 中国建筑节能年度发展研究报告 2007 [R] . 北京：中国建筑工业出版社，2007.

[3] 王有为 . 绿色建筑付诸行动的几点考虑 [M] . 北京：中国建筑工业出版社，2005.

[4] 陈辉煌 . 泉州夏热冬暖地区居住建筑节能设计分析和思考[J] . 建筑设计与规划，2008（3）：5—7.

[5] 夏热冬暖地区居住建筑节能设计标准 JGJ 75—2003 [S] .

[6] 夏热冬冷地区居住建筑节能设计标准 JGJ 134—2001 [S] .

[7] 刘海波 . Low-E 玻璃与热反射镀膜玻璃的热学性能比较 [J] . 深圳土木与建筑，2006，3（4）：57—59.

[8] 中国产业节能网：www. HPnet. com. cn.

[9] 项红升，李明，王志华等 . LED 在绿色节能照明中的应用进展[J] . 可再生能源，2004（5）：52—54.

[10] 杨光 . 照明节电设备的种类及性能 [J] . 灯与照明，2006，30（2）：18—22.

[11] 贵阳低温太阳能利用光明无限 [J/OL] . http：//news. gog. com. cn/system-01/07/

010193286. shtml.

[12] 公共建筑节能潜力待挖掘 [J]. 中国经济信息，2008 (17)：25.

[13] 张纪文. 大型商业建筑低成本节能改造技术分析 [J]. 低压电器，2008 (10)：53—56.

[14] 温志英，黄冠明，毕南楠等. 变频技术在中央空调节能控制中的应用 [J]. 制冷空调
　　 与电力机械，2005，26 (2)：67—70.

[15] 裴秀英，章少剑，陈立敏等. 厦门市公共建筑能耗现状及节能潜力分析 [J]. 集美大
　　 学学报 (自然科学版)，2008，13 (1)：81—83.

[16] 李晓燕，闫泽生. 制冷空调节能技术 [M]. 北京：中国建筑工业出版社，2004.

[17] 张龙. 民用建筑给排水的节水技术分析 [J]. 煤炭工程，2008 (8)：54—56.

[18] 谢立辉. 面对"节约型"社会的住宅建筑节水研究 [J]. 长沙大学学报，2006，20
　　 (5)：15—17.

[19] 王一圣，孙萍. 居住小区的"节水"现状及原因分析 [A]. 首届国际智能与绿色建
　　 筑技术研讨会论文集 [C]，2005.

[20] 潘志军. 住宅给排水设计中节能和节水技术的应用 [J]. 浙江建筑，2006，23 (9)：
　　 76—77.

[21] 蒋兴林，钱坤. 实现 LEED-NC 的绿色住宅节水技术 [J]. 西南给排水，2007，29
　　 (1)：26—29.

[22] 张义，路忠萍. 中小城市供水管网渗漏治理 [J]. 散装水泥，2004 (6)：52—53.

[23] 高鹏. 浅析住宅节水 [J]. 山西建筑，2007，33 (33)：187—189.

[24] 程伟仙. 如何设计建筑节水型住宅 [J]. 科学与经济发展，2008 (6)：105—109.

[25] 康卫国. 现代住宅小区节水节能措施的探讨和分析 [J]. 中国高新技术企业，2008
　　 (5)：132—133.

[26] 崔瑛. 弥勒电力公司职工住宅小区绿地灌溉系统设计 [J]. 云南建筑，2006 (1)：74—75.

[27] 绿色奥运建筑研究课题组. 绿色奥运建筑评估体系 [M]. 北京：中国建筑工业出版
　　 社，2003.

[28] 绿色建筑评价标准 GB/T50378-2006 [S].

[29] 黄白. 关于完善新建商品房装修一次到位管理制度的调研报告 [J]. 住宅产业，2007
　　 (6)：20—23.

[30] 为一次性装修喝彩：http://www.people.com.cn/GB/huanbao/58/20010910/
　　 555932. html.

第 7 章 居住区环境文明建设的技术措施与对策建议

生态文明型居住区的建设是当代人类社会可持续发展的重要组成部分。它通过人工建筑、设施等与自然环境和社会需求转化的充分融合，既能实现资源有效利用、环境清洁优美、人与自然和谐共处，又能有助于提升居民的德智体素养和满足人们的精神追求，因而成为时代的象征和生活家园建设的目标。

为了构建生态文明居住区，需要物质文明、环境文明和精神文明建设的共同演进与协调发展。而创造良好的气、水、声环境，并妥善解决住区的固废处置问题，无疑是生态文明居住区中环境文明建设的关键所在。

7.1 气环境

随着居住理念的提升，住宅室内外的气环境日益受到人们的重视。以舒适、生态和健康为突出特点的生态文明居住区，其气环境尤为重要，是构建居住区整体系统必不可少的关键环节。

综观全球，空气污染已对人类健康构成严重威胁。加拿大环卫组织发现，68％的疾病是由空气污染造成的；法国一项研究表明，因空气污染而导致的细菌吸入易使人患心脏病；[1]英国医学杂志调查报告指出：人员死亡率与空气污染程度呈正比，在空气严重污染期间，死亡人数通常会增加 5％～10％；我国卫生部统计表明，在近年来城市居民死因排序中，因污染而致的呼吸系统疾病已居第 4 位；据世界卫生组织统计，全世界每年有 10 万人因空气污染而死于哮喘病，而我国就有1000 万以上的哮喘病患者，并且患病率有明显上升趋势。空气污染的后果触目惊心，阻止和消除空气污染，构建高质量的气环境系统是生态文明居住区重要任务之一。

住宅区是城市的细胞，其气环境质量必然受到城市大气环境的影响和制约。生态文明居住区内要确保气环境的良好状况，就必须做好住宅室外和住宅室内气环境系统的分别构建。

7.1.1 室外气环境

1. 施工期

Ⅰ. 污染物排放

山语城居住区建设施工过程中的大气污染物主要是施工场地的扬尘，包括：①旧建筑物拆除时的粉尘；②土石方挖掘及土石方堆放引起的扬尘；③建筑材料搬运和现场搅拌产生的扬尘；④运输车辆引起的地面扬尘。根据有关资料，当风速为 2.4m/s 时，建筑施工扬尘严重，工地内颗粒物浓度高于大气环境标准 40%～150%，影响范围可达下风向 150m 处；施工及运输车辆引起的扬尘对路边 30m 范围内影响最大，路边的颗粒物浓度可达 10mg/m³ 以上。由于产生的扬尘属于间歇排放且源强较低，其影响范围主要在施工现场附近。

此外，施工机械燃油将产生少量的燃油废气，其主要污染物为 CO 和 NOx。由于燃油机械为间歇作业，且使用数量不多，因此所排放的燃油废气仅对施工区域大气环境质量产生间断性的影响较小。

Ⅱ. 污染防治建议

根据上述分析，山语城在项目施工期间不可避免地会产生一些地面扬尘，这也是施工期中主要的空气污染物。这些扬尘尽管是短期行为，但会对附近区域或后期施工而前期已居住的居民带来不利的影响，因此要求承建公司在施工期间应制定必要的防治措施，且通过相应的合同和监理单位予以监控，以减少施工扬尘对周围环境的影响。

（1）洒水。实践经验表明，施工场地每天洒水 4～5 次，可以有效减少施工扬尘，并将 TSP 污染距离缩小到 20～50m 范围；同样，在施工期间对车辆行驶的路面每天洒水 4～5 次，可使扬尘减少 70% 左右。因此，应利用洒水车对施工现场和进出道路洒水，同时在施工场地出口设置浅水池，以减少扬尘的产生量。

（2）降低车速，清洁路面。资料表明，施工场地的扬尘主要产生于运输车辆的行驶过程，约占扬尘总量的 60%，因此控制运输车辆的扬尘非常重要。在同样路面清洁程度的条件下，车速越快，扬尘量越大；而在相同车速的情况下，路面清洁度越差，扬尘量越大。因此，严格控制运输车辆的车速，并保持路面清洁，是减少汽车扬尘的有效手段。

（3）减少露天堆放。由于施工需要或条件限制，一些建材、施工点开挖的表层土及建筑垃圾均为露天堆放，当天气干燥且有风时，会产生扬尘。扬尘量可按堆场起尘的经验公式计算：

$$Q = 2.1 * (V_{10} - V_0)^3 e^{-1.023w}$$

式中：Q 为起尘量，kg/吨・年；V_{10} 为距地面 10 米处的风速，m/s；V_0 为起尘风速，m/s；W 为尘粒含水率，％。

可见，此类扬尘的产生量与风速和尘粒含水率有关。因此，应该减少建材的露天堆放，对需长工期堆存的物料如珍珠岩、水泥、石灰等要加遮盖物或置于料库中；施工中产生的建筑垃圾应及时清运，缩短堆放的危害周期。此外，应保证施工场地地面具有一定的含水率。

除了以上 3 点，下面的措施亦是必要的：

（4）场地内土堆、料堆应加遮盖或喷洒覆盖剂，防止扬尘的扩散；运输土方、水泥、砂石及其他含尘物料的车辆不宜装载过满，同时应采取相应的遮盖、封闭措施（如用苫布），严格控制和规范车辆运输量和方式。对不慎洒落的沙土和建筑材料，应及时清理。

（5）采用先进施工工艺，严格施工管理：在建设场地的四周设置围挡装备，将扬尘污染基本控制在施工场界之内，房屋建筑实行封闭式施工以防止扬尘扩散。

（6）山语城居住区南侧及西侧为结合山体的环城林带林地保护区，东侧及南侧为小车河河道，生态环境较为敏感。运输车辆行驶须尽量选取对周围环境影响较小的路线，并且限制施工区内的行驶速度。卡车在施工场地的车速应限制在 10km/h 内，其他区域减少至 30km/h。

2. 运营期

山语城运营期室外的大气污染主要来自居住区厨房废气、公建油烟废气以及汽车尾气。与施工期相比较，运营期的大气环境质量与居民生活方式、生活质量直接相关，因此，需要进行定量评估。

Ⅰ. **污染物排放**

（1）厨房废气。山语城居住区所用热源为管道煤气，居住区产生的废气主要为烹饪过程中释放的油烟废气。根据资料，[1] 城市人口每人每日消耗的动植物油约为 0.05kg/d，烹饪时挥发损失约 3%，每户月均用气量 60m³，每天用气时间以 5 小时计，污染物以 TSP、SO_2 计（煤气中 SO_2 的浓度为 60mg/m³、TSP 为 44mg/m³）。依据规划，山语城居住区共有 14062 户，居民 4.5 万人，计算得出年消耗食用油 821.224t/a，住宅厨房油烟废气产生量约 22.635t/a。煤气用量及 TSP、SO_2 排放量见表 7-1。

表 7-1　TSP、SO_2 排放量表

时间	煤气用量(m³)	SO_2 排放量(kg)	TSP 排放量(kg)
小时	5547.75	0.333	0.244
日	27739	1.66	1.22
月	832163	50.62	37.12
年	10124644	607.48	445.48

根据《山语城环境影响报告书》，产生的油烟废气统一经由住宅内设置的内壁式专用烟道进行排放，可视为点源，利用箱式模型可估算厨房油烟废气对居住区环境的影响。箱式模型公式如下：

$$\rho_B = \frac{Q}{u \cdot L \cdot H} + \rho_{B0}$$

式中：ρ_B 为大气污染物浓度预测值，mg/m³（标）；Q 为面源源强，t/a；u 为进入箱内的平均风速，即居住区内的平均风速，m/s；L 为箱的边长，m；H 为箱高，即大气混合层高度，m；ρ_{B0} 为预测区大气环境背景值浓度，kmg/m²（标）。

根据《贵阳山语城居住区项目详细规划设计》，住宅用地面积为 48.15hm²；另据《山语城环境影响报告书》，SO_2 面源源强为 607kg/a，TSP 为 445kg/a，平均风速约为 2.2m/s，SO_2 大气背景浓度值为 0.05mg/m³，TSP 为 0.108mg/m³；依据文献资料，[2] 贵阳市混合层的稳定高度为 200～230m。经计算可得，运营期居住区的厨房废气造成的新增 SO_2 污染浓度仅为 0.0062mg/m³，TSP 为 0.0045mg/m³。因此，居民厨房废气造成的大气污染很小，无须进行控制。

（2）公建油烟废气。公建油烟废气包括：幼托食堂产生的油烟，酒店、会所等场所在烹饪过程中产生的油烟。根据资料，[3] 餐饮公建每人煤气耗用量约为 0.8m³/d 计，酒店、会所每人消耗的动植物油约为 0.08kg/d，幼托每人消耗的动植物油约为 0.06kg/d，烹饪时挥发损失约为 3%。依据《山语城环境影

响报告书》，会所总人数为 745 人/d，酒店总人数为 900 人/d，幼托总人数为 3240 人/d。经计算，各公建煤气年用量为 146 万 m^3，年消耗食用油 21.75t/a，酒店年消耗食用油 26.28t/a，幼托年消耗食用油 70.96t/a，共计 118.99t/a，油烟废气产生量约为 3.57t/a。

同样利用箱式模型，估算当油烟废气直接排放时可能造成的环境影响。根据《贵阳山语城居住区项目详细规划设计》，酒店宾馆等公建用地为 1.81 hm^2，其中有餐饮的建筑（包括会所、酒店和幼托等）面积约占 45%，且分布较为分散。经计算可得，运营期公建油烟废气造成的环境影响：SO_2 为 0.0042 mg/m^3，TSP 也仅 0.0030 mg/m^3。可见会所等公建排放的油烟废气对居住区的大气环境影响较小，无须进行外部控制。但是对于食堂或酒店厨房本身，单位时间产生的油烟量较大，因此必须安装除油烟设备以避免造成室内环境污染。

（3）汽车尾气。汽车进出车库及在车库内行驶（≤5km/hr）时，污染气体的排放量远高于正常行驶。此外，曲轴箱漏气及油箱和化油箱燃料等系统的泄漏也会造成环境污染。山语城居住区汽车尾气主要来自于地下、地上停车位，主要污染因子为 CO、HC 和 NO_2 等。由于地上车位废气易于扩散且排放量相对较小，故只考虑地下车库汽车排放的废气。

汽车废气的排放量与车型、车况和车辆数等有关，普通住户家庭用车基本为小型车（轿车和小面包车等）。根据《环境保护实用数据手册》，家用小型车消耗单位燃料导致的 CO、HC 和 NO_2 排放量分别为 191g/L、24.1g/L 和 22.3g/L。汽车单次出入停车场与在停车场内的运行时间约为 100s，车辆进出停车场的平均耗油速率为 0.20L/km，若出入口到泊位的平均距离以 50m 计，则每辆汽车进出停车场一次耗油量为 0.0278L。与此相应，产生的废气污染物 CO、HC、NO_2 的量分别为 5.310g、0.670g 和 0.620g。

每天进、出车库的车辆按日均早、晚出入各一次计，住区全部泊位车辆进出总时数按 2 小时/次计算。根据《贵阳山语城居住区项目详细规划设计》中的相关数据，当泊车满负荷且车流量最大时，经计算车库的大气污染物排放情况见表 7-2。

表 7-2　车库汽车废气污染物产生情况

泊　位	日车流量（辆/日）	污染物排放量(kg/a)		
		CO	HC	NO_2
16293	32586	63156.56	7968.9	7374.2

根据《公共场所卫生标准》，室内 CO 浓度应低于 $10mg/m^3$；根据《大气污染物综合排放标准》（GB16297－1996），HC 和 NO_2 的无组织排放监控浓度限值分别为 $5.0mg/m^3$ 和 $0.15mg/m^3$。在泊车满负荷时和不采取任何通风换气措施或设备不运转的情况下，估算山语城居住区所有车辆进（或出）一次造成的污染物富集浓度；且根据《贵阳山语城居住区项目详细规划设计》，山语城地下车库的建筑面积为 48.15 万 m^3，假设车库高为 3 米，则可造成的污染浓度为：

$$C_{CO} = \frac{5.310g * 16293}{481500m^2 * 3m} = 59.9mg/m^3$$

$$C_{HC} = \frac{0.670g * 16293}{481500m^2 * 3m} = 7.56mg/m^3$$

$$C_{NO_2} = \frac{0.620g * 16293}{481500m^2 * 3m} = 6.99mg/m^3$$

由于未考虑车库内空气与外界通过出口、楼电梯间的自然交换，上述估算的浓度偏高。但由这组数据可知，若不采取通风排气措施，污染物浓度将远高于污染排放限值。此外，参照文献,[4] 由于住宅类车库存在早上车辆外出的集聚高峰，因此早晚车库中的空气质量有显著差异。若不开启送排风设备，在出行高峰时，即使车库通风情况良好，CO、HC 和 NO_2 的浓度也均超过了环境标准。因此，地下车库必须安装通风设备。

在居住区道路上行驶的汽车所产生的尾气属于无组织排放，对区内气环境也会造成一定影响。但由于地面上空气流动性好，产生的汽车尾气可以较快扩散，对环境空气的影响较小。此外，通过绿化措施对污染物的吸纳，可以进一步减少其对周围环境及社区住户的影响。

Ⅱ. 建筑布局

居住区若要具有良好的气环境，除了减少各类大气污染物的排放外，优良的通风条件也是必须的。我国建筑总体布局通常考虑生态因素较多，对气流组织因素顾及较少，因而居住区或组团内的通风条件通常不甚理想。例如：高层住宅的相对位置会影响居住区内局地大气环流，相对位置若设计不合理，会促成冬季"恶性风流"① 的滋生，妨碍人们的活动并造成安全隐患。此外，若居住区内住宅的结构、高度和地势等没有差异，则区内的通风条件通常不佳。

根据《山语城居住区项目详细规划设计》，山语城居住区规划第四期的地

---

① 恶性风流：即风吹到建筑边角会产生加速现象，形成所谓的建筑风，并分正负压两区；风速变化的大小，因建筑形体的高低、宽窄及建筑本身体型和建筑群布置方式的不同而有差别。

块具有天然地形优势，较易实现住宅的错落布局；而首期至三期地块的地势均较为平坦，且住宅的外形结构与高度基本相同，尤其第二期地块的住宅密度较大，通风条件并不理想。因此，山语城在二、三期建设中，应适当考虑调整建筑布局，以取得更佳的通风环境。

Ⅲ. 绿化

运营期的厨房废气、公建油烟以及汽车尾气排放到大气中，经扩散之后对环境的影响较小。然而，在排放口附近的区域若通风条件不良，则局部气环境质量不佳。此时，需要依靠绿化来改善居住区局部气环境质量。

山语城要建立生态文明居住区，应将整个区域作为一个完整的生态系统来考虑，因而绿化对整个系统的生态调节功能至关重要。绿色植物具有调节碳氧平衡、降低气温、增加湿度、防风固沙、吸滞尘土、吸收有毒气体和减弱噪声等生态功能。

据调查，[7]北京近郊建成区的植被日平均吸收二氧化碳 3.3 万 t，去除一年中植物生长季的雨天日数，该区植物光合作用的有效日数为 127.7 天，全年吸收二氧化碳为 424 万 t，释放氧气为 295 万 t；年均 $1hm^2$ 绿地日平均吸收二氧化碳 1.767t，释放氧气 1.23t。另据广州市测定，在用大叶榕树绿化地段与没有绿化的地段相比，含尘量相对减少 18.8%。此外，植物吸收有毒气体可显著降低其在大气中的含量。北京市园林局对空气中二氧化硫日平均浓度测定结果表明，普通居民区二氧化硫浓度最高，为 $0.223mg/m^3$，而绿化区仅为 $0.121mg/m^3$。据南京园林局测定[5]，当 SO_2 随气流通过高 15m、宽 15m 的悬玲木林带时，其体积浓度降低了 47.7%；$1hm^2$ 柳杉每年可吸收 720kg 的 SO_2。贵州省是我国重要的产煤区，贵阳市的 SO_2 污染亦较为严重，为预防山语城居住区的 SO_2 污染，可以选取适宜的绿色植物进行种植。

Ⅳ. 污染防治建议

（1）车库安装排气设备。由上述分析可知，山语城居住区的地下停车库若不安装排气设备，将会造成严重污染。因此，依据《城市居住区规划设计规范》（GB50180－93）和《汽车库建筑设计规范》（JGJ100－98）的相关要求，山语城地下车库应采用机械强制式排气，将车辆排放的废气由无组织排放变为有组织排放。即在地下车库安装性能良好的排气设备，且在车库顶部距居民楼最小距离须大于 12 米处设置高于地面 2.5 米的专用排气筒，该排风系统每小时的通风换气须在 4~6 次或以上；在车辆出入高峰时，排气设备应完全运转，并适当增加通风换气次数。这样，参照文献[6]中公建类车库空气污染物质量浓度的相似监测结果，山语城车库内的大气环境能够满足《大气污染物综合排放标准》（GB16297－1996）二级的要求。与此同时，我们利用箱式模型计算了山语城所有拟建地下车库排放的空气污染物对居住区气环境的污染贡献如下：CO 为 $0.065mg/m^3$，HC 为 $0.0082mg/m^3$，NO_2 为 $0.0076mg/m^3$。显然，通过排气设施的安装和良好运转不仅使地下车库内的大气环境能够达到二级标准的要求，而且对区内地面气环境的影响也较小。

此外，在地下车库出入口周围应加强绿化，如在车库通道口顶棚、墙体和外围种植常绿的攀缘、藤本植物和灌木等，使之成为"绿色出入口"。

（2）改善建筑布局。山语城居住区以高层住宅为主，高层住宅中可使用立面掏空设计。即在建筑物中部或相应位置设计一块洞开的空间，使气流可以从中穿过，以减少建筑物的阻挡而产生的风压和空气绕流，从而避免"恶性风流"的产生。立面掏空方式不仅可以改善住区小环境的自然通风条件，并且可以在掏空空间设置"空中花园"，让居民能够就近感受绿色和室外的清新空气。

另外，对建筑外形的一些关键部位若能采取特殊的流线型设计，则可以达到充分的导风效果。例如：上海环球金融中心和韩国釜山的 landmark 塔均采用方正的体型沿对角线以舒缓的曲线向上收分的造型，既有效地减少了侧向风压，又显得极为优雅。在山语城的后期建设中，可以考虑部分楼体采用立面掏空设计及流线型设计，既能改善区内通风环境，又可使住宅楼群外形丰富多彩。

此外，山语城居住区为组团结构，而室外气候、建筑方位、建筑间距以及建筑形式与构造都直接或间接地影响组团内部住宅的通风效果。为使住宅群内部的每栋楼都能获得较好的通风条件，住宅楼宜与主导风向成 $30°～45°$ 角，并采用前后错列、斜列、前低后高、前疏后密等布局措施。此布局方式不仅能改善住宅群的整体视觉感观，而且可以使整个住宅群获得更佳的通风效果。

（3）绿化。根据《贵阳山语城居住区项目详细规划设计》，居住区绿化率将达 37%，可以显著改善区内气环境。但应注意以下几点：

不同的植物种类对调节碳氧平衡的贡献率有所不同，其中乔木树种的贡献率最大。绿化结构层越多，负离子浓度及空气质量评价指数越高，因此宜采用乔木＋灌木＋草被相结合的多层结构，避免或少用单层草被型。此外，居住区外围特别是主导风向来源处，用高大常绿乔木和灌木、草本组成复合绿墙进行"间隔"，可以减少外来污染量。依据当地适宜物种的特点，建议山语城居住区采用如下树种搭配方式：小叶榕＋红绒球＋沿街草，小叶榕＋紫薇＋龙船花，广玉兰＋紫薇＋蟛蜞菊，白兰＋五桠果＋沿街草，木棉＋石榴＋沿街草，蒲桃＋鸡蛋花＋白蝴蝶，南洋杉＋爬墙虎＋台湾草，杧果＋黄连翘＋沿街草等。

不同植物对 SO_2 的净化效率与树木吸硫能力大小有关，树叶数量大、表面不光滑以及树冠较绵密的植物净化能力较大。本章附录中列举了部分抗 SO_2 的植物名录，分为针叶树、阔叶树、果树及花卉、草皮等 4 大类，供山语城项目绿化时选择使用。

绿地率要达到 37% 需占用较大面积的土地，势必会挤占其他功能用地。因此在规划建设中，应尽可能利用各类空间，如适合种植的边角地带、阳台和天台等均可进行绿化，地面停车场选用网眼植草砖，以加大绿化空间和绿化率而又不占用更多土地。此外，可适当建造人工喷泉和借助山崖或台地高差建观赏瀑布，以提高负离子浓度和空气清新度。

（4）餐饮类厨房油烟净化。尽管山语城会所等公建排放的油烟废气对居住区的大气环境影响较小，无须进行外部控制；但由于室内的通风效果相对较差和产生的油烟量较大，根据《饮食业油烟排放标准（试行）》（GB 18483—2001）的要求，会所、酒店等的厨房中须安装油烟净化设施，并设置内壁式专用烟道，使油烟废气经净化后由专用烟道进行排放。

可用于会所、酒店等厨房中的油烟净化设备有 4 种，分别为机械式、湿式、静电式和复合式。机械式油烟净化设备结构简单、造价低、便于维护、对油粒的净化效率较高，但对恶臭物质没有去除能力。因此，此法实用性较差，通常作为预处理而非一种独立的治理设备使用。湿式油烟净化设备的优点是价格适中、净化效率高，可同时部分去除 SO_2、CO、NO_x 等，对醛类、芳烃类等气态污染物也有一定的去除效果。其缺点是安装烦琐、耗水量大，且循环吸收液如不经过处理直接排放还会造成二次污染。静电式油烟净化设备是利用电力作用清除气体中的固体或液体，以达到净化的目的。由于其具有净化效率高、结构简单、能量消耗低、安装方便等优点，市场产品款式多样，且不受现场安装位置限制，目前在大型和中高档餐饮单位中应用较多。复合式油烟净化设备是使用机械式、湿式，以及静电式中任何两种或两种以上净化方式组合的去油烟净化设备。设备兼顾了各种处理方法的优点，净化效率高，技术进步快，因此复合式油烟净化设备是未来一定时期油烟净化设备研究、开发、生产的重点。下表 7-3 中，对四大类油烟净化设备性能、现行价格做出了比较。

表 7-3　四大类油烟净化设备性能价格比

设备类型	去除效率（%）	产品价格（万元）	日常维护要求
机械式	75～80	0.2～0.5	每月更换一次滤网或更换吸附材料
湿　式	75～85	0.6～1.0	定期收集油污，添加药剂
静电式	75～85	1.0～1.6	每半年清洗一次极板
复合式（静电复合式）	80～90	1.5～2.0	每半年清洗一次极板，需经常清洗滤网或更换吸附材料

综合考虑经济、效率、能耗和安装等多方面因素，建议山语城会所及酒店的厨房选择静电式油烟净化设备。需要注意的是，油烟净化设施应尽量设置在进口端，因为进入净化装置的油烟温度越高净化的效果越好；反之净化设施后置会使大量未经处理的油烟聚集在管道内壁，成为火险隐患，因此应尽力避免。

7.1.2　室内气环境

1. 影响因素

据美国环保局（EPA）的统计研究，室内空气污染常常超出室外的 2～5 倍，在少数极端情况下甚至高出 100 倍。由于大多数现代人一生约 80% 的时间是在居住和工作的室内度过的，因此随着人们生活水平的提高，室内空气品质（Indoor Air Quality，IAQ）已经成为公众关注的焦点问题。

影响 IAQ 的主要因素包括外气通风量、室内空气的过滤和循环，以及建筑材料的成分等，导致室内环境中含有过量的 CO、CO_2、甲醛、挥发性有机物质、颗粒状有机物质、微粒、金属纤维、各种病态反应原、氡及其他不良气体。

装修材料、家具与建筑自身的污染是室内主要的污染源。研究表明，[14] 家庭中各种涂料、油漆、塑料、水泥、墙纸以及各类黏合剂挥发的有毒气体多达 50 多种，且污染物释放时间可达 3～15 年。这些污染物质，轻则造成眼睛涩痛、呼吸道发炎、头昏、头疼等症状，重则可能致癌。仅在北京市，每年因有毒建材造成急性中毒事件 400 余起，中毒人数达 1.5 万人。[7]

室内污染的另一重要来源为厨房油烟。山语城居住区的热源为管道煤气，由于煤气一般经过脱硫处理，燃烧过程中 SO_2 的排放量较低，但可能产生浓度较高的苯并芘以及其他可致癌的烃类有机物。医学研究证明，在通风系统差、燃料燃烧效率低的厨房内烹饪一顿饭，产生的油烟对健康的损害相当于吸两包烟，因油烟造成的危害导致全球每年有 160 万人死亡。中国人高温炸炒的烹饪习惯，使油烟引起的发病率更高。

此外，微生物、寄生虫以及各类宠物也可能作为传染源和媒介使人致病。

由于资料缺乏，无法预知山语城居住区建成后室内气环境情况。因此，假定山语城住宅室内气环境符合普通居住区的标准，并据此提出能达到生态文明住宅标准的以下对策建议，且希望通过居住区内广告、闭路电视和局域网络宣传等途径提示居民加以注重和设法改善居室环境，以保障人们的生活健康。

2. 污染防治建议

Ⅰ. 自然通风

要改善室内空气污染状况、提高室内空气质量，最直接有效的办法是提高室内空气的流通速率，即加快室内污染空气的排出，加速室外新鲜空气的注入。自然通风是常用方法之一，它借助于热压或风压式空气流动，使室内外空气进行交换，而不使用机械设备。此通风方式不仅节省设备和投资，而且更有利于人体健康。需要提及的是，下列几个因素会影响室内自然通风的效果。

（1）室外气象、环境因素。室外气象参数随着季节、人居活动的变化而变化，这种室外气象参数的不稳定性导致了自然通风效果不稳定[7]。研究表明，室外风速对室内自然通风的影响最大，当室外风速增加 0.2m/s 时，相当于温差 2.6℃的效果[7]。受季节、室外风向、风速和气候等因素的影响，自然通风的风量、风速、温湿度都是不稳定的，必要时应设置机械通风和空调系统起保障作用。

（2）建筑结构。自然通风的形成，与建筑设计如建筑物的造型、朝向、围护结构保温情况，以及外墙外窗的遮阳情况和建筑空间的通风换气等密切联系。此外，周边建筑和植被也会改变室外的风向或风速；而合理的建筑结构设计可以有效地组织通风，保持室内温度，改善室内空气品质。

（3）室内气流组织。建筑物中自然通风的效果，很大程度上依赖于建筑物室内的气流组织。气流组织的好坏，直接影响着建筑物能耗、室内空气品质和室内热环境。在建筑设计时，住宅的朝向及内部构造应有利于自然通风，要做到起居室、卧室都能进行自然通风，不留死角，保证气流拐弯少、阻力小、流动通畅，最好形成穿堂风。总之，现代住宅的自然通风应该有组织、有控制。

简言之，要取得良好的室内自然通风，是较好的气象条件、合理的组团布局以及正确的室内结构设计等多方面因素综合作用的结果。就室外环境而言，山语城居住区以高层建筑为主，建筑密度较低，绿化率较高，建筑朝向合理，这些条件都有利于创造良好的自然通风条件。但在室内环境方面，还应该注意以下两点：

第一，开口设计。自然通风通过建筑物的开口流入或者流出，则建筑物开口的优化配置以及开口的尺寸、窗户的型式和开启方式、窗墙面积比等的合理设计，直接影响着建筑物内部的空气流动及通风效果。根据实验测定，当开口宽度为开间宽度的 1/3～2/3、开口面积为地板面积的 15％～20％时，通风效率最佳。[8]但开口宽度过大，冬季热量散失加快。因此，建议山语城住宅将窗户的开口宽度定为 1/3 较适宜。

第二，双层围护结构。对于高层建筑，直接开窗通风容易造成紊流，不易控制，因而当今高层生态住宅普遍采用双层围护结构进行设计和建造。双层围护结构是指利用双层玻璃之间一定宽度的通风道并配有可调节的百叶进行通风，使玻璃之间的热空气不断被排走，以达到降温的目的。因此，双层围护结构适用于山语城住宅的中高层部分，应在建筑设计中予以凸显。

Ⅱ. 中央新风系统

自然通风方式成本较低，但气流方向不易控制，混乱的气流可能把卫生间和厨房的异味带入客厅以及卧室，并伴随大量的尘埃。此外，贵阳市冬季无需采暖，但夏季住宅中可能会使用空调设备，若不能保证空调房及时补充和更换新鲜空气，则可能导致空气干燥、细菌滋生以及疾病诱发。随着人们生活水平的提高，自然通风和使用空调均无法满足人们对更高生活品质的需求。于是，在经济、科技发达且注重生活品质的欧洲率先出现了住宅微循环空气置换系统（VMC），即中央新风系统。

（1）工作原理。新风系统采用置换式传输方式，摈弃了空调气体的内循环原理和新旧气体混合的不健康做法，使户外的新鲜空气会自动吸入室内。并且，当其通过安装于卧室、客厅或者起居室窗户上的新风口进入室内时，将自动被除尘和过滤。同时，由对应的室内管路与数个功能房间内的排风口相连，形成循环系统带走室内废气，集中在排风口排出。排出的废气不再作循环使用，新旧风形成良好的循环。为实现能源的节约和再利用，排走的空气都将进行热回收，作为能源加以利用，回收率可达 80％以上。

（2）优点。中央新风系统是持续而且能控制通风路径的通风方式，通过性能良好的风机和气流控制系统，使得新风的更换能够完全被控制，该技术对室内温度的影响甚微。在不开窗的情况下，全天 24 小时持续不断地将室内的污浊空气及时排出，同时引入室外新鲜空气，并能有效控制风量的大小。

此系统既可以确保新风量，又能避免冬季新风量过大造成的室内热量散失，同时可以免除由于业主过分的节约，如夜间开空调时密闭所有窗户，导致新风量不足而造成的危害。

（3）实践。在北欧，丹麦、荷兰和瑞典等讲究室内生活品质和能源节约的国家，VMC 存在至今已有 50 年的历史了。20 世纪 70 年代 VMC 被引进法国，90％以上的新建住宅中装有 VMC 系统。2000 年，整个欧盟地区实施 VMC 已成为法规。我国也正逐步引入中央新风系统，自 2001 年起，一些甲级写字楼开始以新风系统改善室内空气质量。

山语城居住区要创建生态文明居住区，学习和引进发达国家的先进技术，采用中央新风系统进行室内通风，无疑是明智的选择。建议开发商在充分调研居民需求、进行前期投入和后期使用成本与效益分析的基础上，同建筑设计单位协商予以实施。

Ⅲ．装修

深圳市为减少装修中的环境污染和建材浪费，决定从 2010 年起达到 100％一次性装修。为达到生态文明居住区室内空气环境质量标准，山语城居住区亦应尽可能做到成片装修，或在二、三、四期建设中完全实施一次性装修，以减少二次污染。但在装修中应预留出一定活动空间，供居民自行设计或布置；或者在进行统一装修之前，听取居民的装修要求，以满足居民的个性需要。

此外，在装修时应尽量选用具有环保标识的装修材料，从根源上杜绝室内空气污染的主要来源：减少人工合成板型材，多选用无害材料，特别是各类涂料，如油漆、墙面涂料、胶粘剂等应选用低毒型材料。装修材料中挥发性有毒、有害气体必须符合现行的有关标准规定，防止室内气环境的污染、危害人体健康。

然而，室内环境中的污染物总是相对存在的，并且有积累过程；同时，室内环境与周围环境是紧密相关的，受室外环境以及突发事件的影响，室内环境会发生变化甚至是突发性变化。因此，定期地对室内空间进行环境质量监测是很有必要的。建议山语城居住区建成之后，在物业公司和业主委员会的协同下，聘请环境监测机构定期对居民区室内环境进行抽样检测，以确保住区室内气环境健康。

7.2　水环境

在生态文明居住区建设过程中，水环境既是整体系统中的关键组成部分，亦是连接各子系统的重要纽带，水环境质量好坏与居民生活质量高低息息相关。在保证水质良好的前提下，最大限度地节约用水和实现水资源的循环利用，是山语城创建生态文明居住区必须追求的目标。

本部分研究将水环境分为四大部分，分别是污水处理、中水回用、雨水收集利用和景观水保护。

7.2.1　污水处理

1. 施工期

（1）施工废水。根据《山语城环境影响报告书》，山语城项目采用商品砼，不必现场搅拌混凝土，所以施工废水主要来自基坑废水和混凝土构件养护等方面，产生量约 60m³/d，主要污染因子为 SS（悬浮物），SS 值一般约为 3000～4000mg/L，pH 值可达 11～12。

（2）生活污水。根据《山语城环境影响报告书》，施工期的生活污水主要来自施工人员洗衣、刷牙、冲厕和做饭等活动，产生量约为 51m³/d，主要污染物为 SS、CODcr、BOD_5、NH_3—N 等，其污水水质为：SS250mg/L，COD200mg/L，$BOD_5$100mg/L，NH_3—N25mg/L。

（3）污染防治建议。对于施工废水，山语城项目应配套建设收集沉淀池，采用静置 2h 或加絮凝剂［$FeSO_4$、Al_2（SO_4）$_3$、$FeCl_3$ 等］混凝沉淀等方法进行处理。由于施工中产生的污水量较少，且施工用水对水质的要求不高，故而施工废水经澄清处理后可回用于施工中或用于喷洒施工区路面，无须外排。此外，应在施工开挖作业面周围设置雨水沟，将作业区外的地面雨水导排至小车河坝下地面水体或临近市政地下排水管道，以减少雨水对施工面的冲刷，从而降低施工废水产生量。

对于施工期的生活污水，临时食堂须设置隔油池，厕所应设置化粪池，污水经生活污水处置装置处理，达到《污水综合排放标准》（GB8978－1996）二级标准后，同样可回用于施工用水等，无须外排。

2. 运营期

Ⅰ．污水处理

根据贵阳市政府对生态住宅小区节水和绿化的要求，山语城项目污水回用率应至少达到30％以上。按规划设计，将产生的生活污水通过室内排水管道汇集到各楼房的化粪池，再集中到东北角污水处理站处理后回收利用。

根据《山语城环境影响报告书》，项目建成后，污水主要来自住宅、综合商场、酒店、学校以及社会服务等产生的生活污水，共约8547.99m³/d(包括医疗废水10.2m³/d)；主要污染物有：SS、COD、BOD$_5$、NH$_3$-N、TP(见表7-4)。医疗废水经单独处理后，须达到《医疗机构水污染排放标准》（GB 18466—2005)的综合医疗机构和其他医疗机构水污染物排放限值，然后排入小车河截污沟。

表7-4　建设项目污水排放情况一览表

类　　别		用水量（m³/d）	排放系数	产生污水（m³/d）
普通住宅		5670	0.85	4819.5
商　业		339.5	0.85	288.58
学校、社区服务等		293.27	0.85	249.28
未预见用水量		1311.71	0.85	1114.95
医疗用水		12	0.85	10.2
新鲜水总计＊		7614.48	0.85	6472.31
中水回用	冲厕	2430	0.85	2065.5
	绿化	131.34	0	0
总　计		—	—	8547.99

注：＊医疗用水不经过污水处理厂处理。

山语城居住区的污水处理，按新庄污水厂建设完成前后分为两种情况。根据项目规划设计，在新庄污水厂建成前后，山语城污水产生、处理及回用的情况见表 7-5 和表 7-6。

表 7-5　生活污水产生量

废水量	SS		COD		BOD$_5$		NH$_3$-N		TP		LAS		动植物油	
m^3/d	mg/L	kg/d	mg/L	kg/d	mg/L	kg/d	mg/L	kg/d	mg/L	kg/d	mg/L	kg/d	mg/L	kg/d
8547.99	200	1709.6	250	2137	150	1282.2	35	299.2	3	25.64	40	341.9	60	512.9

表 7-6　生活污水回用及处理排放情况

污水量 (m^3/d)	处理方式	SS		COD		BOD$_5$		NH$_3$-N		TP		LAS		动植物油	
		mg/L	kg/d	mg/L	kg/d	mg/L	kg/d	mg/L	kg/d	mg/L	kg/d	mg/L	kg/d	mg/L	kg/d
2561.337	中水回用	10	25.61	50	128.1	10	25.6	10	25.6	1	2.6	0.5	1.3	3	7.68
5986.653	新庄污水厂建成前	70	419.1	100	598.7	20	119.7	15	89.8	—	—	5.0	29.9		
5986.653	新庄污水厂建成后	400	2993	500	2993.3	300	1796.0					20	119.7		

注：①中水回用标准参《城市污水再生利用城市杂用水水质》（GB/T 18920—2002）；
②新庄污水厂建成前，生活污水处理站出水水质须达到《污水综合排放标准》（GB 8978—1996）一级标准；③新庄污水厂建成后，生活污水处理站出水水质须达到《污水综合排放标准》（GB 8978—1996）三级标准。

Ⅱ. 纳污能力分析

根据《山语城环境影响报告书》，山语城的污水外排后，依次经过小车河左侧截污沟、青山大沟排污管网以及南明河左岸截污沟。因此，需要分析截污沟及排污网管的接纳能力。

根据贵阳市河道管理处提供的资料，小车河下游左右岸截污沟的过流断面为 0.8m×0.9m，过流能力为 1.252m^3/s（约 10.82 万 m^3/d），远大于拟建项目污水量 5986.65m^3/d。因此，小车河截污沟具有接纳山语城项目污水的能力。

青山大沟市政管网沿小车河左右敷设，左侧污水系统设计流量 0.71m^3/s，右侧污水系统设计流量为 0.6m^3/s。但由于青山大沟长期未清理污泥等杂物且需预留安全高度，故预计左侧污水系统污水流量为设计流量的 60%，即 0.43m^3/s，右侧污水系统污水流量为 0.36m^3/s。项目建成后整个太慈桥片区总人口达 10 万人，届时该片区生活污水产生量（按180L/人·日计）约 1.8 万 m³/d，即 0.21m³/s。本项目污水拟进入左侧系统，因此，青山大沟排污管网具有接纳山语城项目污水的能力。

目前已建的南明河左右岸截污沟断面为 2.7m×2.4m，设计总过流量 65.83 万 m³/d。根据《贵阳市新庄污水处理厂城中心区配套管网系统工程环境影响报告书》（2006.9），南明河左右岸截污沟是按 2050 年的两城区人口 150 万人、污水总量 63.34 万 m³/d 设计。现两城区人口为设计服务人口的 72%，因此，南明河截污沟有接纳山语城项目污水的能力。

Ⅲ. 废水非正常排放影响

由上述分析可知，山语城项目污水经处理后达标排放进入南明河截污沟，对南明河影响较小。下面就污水未经处理直接排入小车河河段时，对小车河和南明河造成的影响进行分析。

贵阳市地面水水环境功能划类规定，小车河坝下执行《地表水环境质量标准》（GB 3838—2002）Ⅲ 类水标准，生活废水不得向坝上小车河 Ⅱ 类水体中设置排污口和排放污水。因此，这里仅预测小车河坝下以及小车河汇入南明河时的河水污染物情况，且按照每日生活污水排放量 8547.99m³/d 未经处理的情况进行预测。

（1）预测因子。根据项目排污特点及纳污水体现状，选择 SS、COD、BOD_5、NH_3—N、TP 和 LAS 为预测评价因子。

（2）评价标准。《地表水环境质量标准》（GB 3838—2002）Ⅲ 类。

（3）预测模式。按照《环境影响评价技术导则　地面水环境》（HJ/T 2.3—1993）中的预测方法，将河段简化为矩形平直河流，预测模式采用下列完全混合模式：

$$C = (C_p Q_p + C_w Q_w)/(Q_p + Q_w)$$

式中：C 为污染物混合浓度，mg/L；C_p 为污染物排放浓度，mg/L；C_w 为排污口上游污染物浓度，mg/L；Q_p 为废水排放量，m³/s；Q_w 为河水流量，m³/s。

（4）预测结果。预测结果见表7-7。

预测结果表明，废水非正常排放时，在 W_3、W_4、W_5 断面 SS 分别超过日本给水 Ⅰ 级标准（国内目前暂无此标准）。由于污净比较小，其他污染物对小车河和南明河断面的环境影响不大。但为了小车河以及南明河的水质安全，山语城必须采取措施切实保证居住区污水处理站正常运转和处理出水稳定达标，必须禁止废水非达标排放。

表 7-7　废水非正常排放各断面水质预测表浓度　单位：mg/L

监测点位	项目	SS *	COD	BOD₅	NH₃-N	TP	LAS
W₃：事故入口下游 100m	预测值	37.35	7.27	2.59	0.23	0.09	0.209
	超标倍数	0.49	—	—	—	—	—
	超标情况	超标	未超标	未超标	未超标	未超标	未超标
W₄：小车河汇入南明河时上游 100m	预测值	35.18	7.17	2.30	0.18	0.099	0.146
	超标倍数	0.41	—	—	—	—	—
	超标情况	超标	未超标	未超标	未超标	未超标	未超标
W₅：小车河汇入南明河时下游 100m	预测值	33.21	6.93	2.15	0.15	0.149	0.097
	超标倍数	0.33	—	—	—	—	—
	超标情况	超标	未超标	未超标	未超标	未超标	未超标
GB3838－2002Ⅲ类		25	20	4	1.0	0.2	0.2

　　注：* 《地表水环境质量标准》（GB3838－2002）缺乏此项标准，此处参照日本给水
　　　　Ⅰ级标准。

Ⅳ. 处理工艺选择

　　在处理工艺的选择方面，不仅要考虑到 BOD₅、COD、SS、N、P 等几项指标，还应立足于先进性、使用性和经济性的综合平衡。目前，较为常用的处理工艺主要有：曝气生物滤池（BAF）工艺、改良 SBR 工艺和新型一体化氧化沟工艺。下面逐一进行分析比较。

　　（1）方案介绍。曝气生物滤池（BAF）。曝气生物滤池是 20 世纪 90 年代初兴起的污水处理工艺，在欧美和日本等发达国家广为流行。该工艺具有去除 SS、COD、BOD、硝化、脱氮、除磷以及去除 AOX（有害物质）的作用。其特点是集生物氧化和截留悬浮固体于一体，可省后续沉淀池；容积负荷和水力负荷大，水力停留时间短；所需基建投资少；出水水质好；运行能耗低，运行费用省。

　　改良 SBR 工艺。SBR 工艺是序批式活性污泥法的简称，它是传统活性污泥法的一种变型。该工艺由进水、反应、沉淀、排水和闲置等 5 个阶段组成，并在单一的 SBR 反应池内按时间先后依次完成。

改良 SBR 工艺是 SBR 工艺的一种派生形式，它在主反应区前增加了预反应区。其作用是利于絮凝性细菌的生长，提高污泥活性，快速去除污水中易降解的有机物，克服污泥膨胀，提高系统的稳定性。此外，预反应区内还有较显著的反硝化作用（该区内能去除总氮 20% 左右），并使污泥中的磷在厌氧条件下得到有效的释放。在主反应区内，混合液在"厌氧—缺氧—好氧"的反复交替过程中完成脱碳、脱氮和除磷。

新型一体化氧化沟工艺。氧化沟是一种连续环形曝气池，其曝气池呈封闭的沟渠形，污水和活性污泥在曝气池中循环流动，流动过程中具有推流特性。

一体化氧化沟又称合建式氧化沟，是将生物处理净化与固液分离合为一体，无须建造单独的二沉池。就生物处理工艺而言，该一体化氧化沟是一个集厌氧、缺氧、好氧为一体的 A^2/O 体系的变型。新型一体化氧化沟设置了相对独立的厌氧区、缺氧区、好氧区，同时又共为一体；在保证有机碳、氮、磷有效去除的同时，工艺简洁、结构紧凑、经济合理。

（2）工艺技术经济比较。以上三个工艺方案的技术、经济比较见表 7-8。

表 7-8　BAF、改良 SBR 与一体化氧化沟工艺技术比较

工艺特点		BAF[9][10][11]	改良 SBR[12][23]	一体化氧化沟[13][25]
优　点		①氧的利用率高，能耗低 ②防止形成沟流或短流，从而避免因过滤工艺不佳而形成气阱 ③工艺持久稳定且有效 ④可延长反冲洗周期，减少清洗时间和清洗时用的气水量 ⑤气泡在滤池中的停留时间延长，氧的利用率高 ⑥滤池截污能力很强，无需设置二次沉淀池 ⑦整套系统采用 PLC 控制，自动化程度高	①工艺流程简单，占地面积小，运行和维护费用低 ②泥水分离效果较好，沉淀污泥浓度较高，出水中 SS 浓度低，有利于降低出水中磷的浓度 ③池底微孔曝气头曝气，氧转移效率高：气泡在水中的停留时间长，输氧效果佳，能耗较低 ④营养物去除效果好 ⑤自动化程度高，对进水条件的变化能快速做出反应，运转灵活，生产管理方便	①工艺流程简单，无需设置初沉池、调节池和单独的二沉池。污泥自动回流，投资低、能耗低 ②氧化沟设置相对独立的厌氧区—缺氧区—好氧区，脱碳、脱氮和除磷效果较好 ③产生的剩余污泥量少，污泥不需硝化，性质稳定，易脱水，不会带来二次污染 ④建造快，设备事故率低，运行管理简单 ⑤固液分离效果比一般二沉池高，流量较大时也能稳定运行，抗冲击负荷能力强 ⑥污泥回流及时，减少污泥膨胀的可能

续　表

工艺特点	BAF[9][10][11]	改良 SBR[12][23]	一体化氧化沟[13][25]
缺　点	①运行工序变化频繁，必须配套自动化控制系统及相应仪表设备，故投资较大 ②管理人员技术水平要求高 ③反冲洗后出水水质会由于生物膜脱落有所下降，因此出水水质随运行周期出现波动 ④BAF 工艺负荷大，容易产生臭味、滋生蚊蝇	①SBR 工艺运行工序变化频繁，必须配套自动化控制系统及相应仪表设备，因此投资较大 ②管理人员需有较高技术水平 ③主要设备目前尚需进口，而且设备利用率较低，导致投资及成本增加	①好氧区属延时曝气，需池体容积较大，新型一体化氧化沟占地面积相对于 OCO、SBR 工艺大，但相对于采用单独二沉池的延时曝气法工艺占地小 ②固液分离器内易出现污泥上浮等问题，需设置刮沫机
工程投资*	1100～1400 元/吨	1200～1500 元/吨	900～1000 元/吨
处理成本**	0.20～0.25 元/吨	0.25～0.30 元/吨	0.20～0.22 元/吨

注：* 为处理吨水投资；** 为处理吨水电耗。

通过对上述几种污水生物处理工艺的分析和比较，新型一体化氧化沟工艺在处理效果、总投资、电耗、运行成本以及操作管理等方面均优于另外两种工艺。因此，建议山语城采用新型一体化氧化沟工艺作为项目污水处理工程的生物处理工艺。此外，项目建成后，废水产生总量为 8537.79m³/d，其中 2561.337m³/d 处理达到《城市污水再生利用　城市杂用水水质》（GB/T18920—2002）标准后作为中水回用。为了防止废水非正常外排，污水处理站的日处理量应达到 1 万 m³/d。

Ⅴ. 市政建设支持

贵阳市的排水系统过去一直为雨污混流，经过城区管理部门多年努力，两城区各主要大沟配套污水处理厂的污水排放系统已经得到很大改善。然而，目前尚有部分大沟的雨污依然混流。雨季时大量雨水进入污水沟，南明河左、右岸截污沟无法接纳来水量，致使污水溢流进入南明河，造成河水污染。

因此，建议市政建设部门尽可能加快城区管网改造速度以及新庄污水处理厂建设进度，以保障山语城生态文明住区的建设和保护南明河水环境。

7.2.2 中水回用

贵阳市虽位于雨水丰沛的我国西南地区，但水资源并不充裕，人均水资源占有量仅为全国水平的一半，低于国际通行的水资源警戒线人均 1700 立方米的标准；[14]加之人们节水意识淡薄，致使水资源浪费严重。中水回用不仅能够有效地节约水资源，缓解用水紧张的压力，节省基建费用，而且具有较高的环境和社会效益。

1. 效益分析

(1) 经济效益分析。从城市给排水工程方面看，采用建筑中水技术可以节约大量的给排水和提供原水的基础建设投资。譬如：[15]北京每日供应 1m³ 自来水的给排水投资已超过 4000 元，其中还不包括管网投资；而采用建筑中水技术后仅给、排水基建费用就可节省 2000 元/（m³·d）。

另据北京市节水办的专项研究表明，依据当年市场价格，对于已建中水项目中设计运行得当的中水工程平均投入值（主要包括工程土建费、设备费、运行管理费）为 1.53 元/m³；而社会综合效益（节省城市引水、净水的边际费用）为 0.65 元/m³，节水可增加的国家财政收入（避免国家因缺水造成财政损失）为 5.84 元/m³，减少因环境污染造成的社会损失是 2.30 元/m³，节省城市排水设施的建设和运行费用是 0.63 元/m³。总产出共计 7.26 元/m³，而投入产出比为 1：4.75。

现在，北京市越来越多的建筑内开始采用中水回用系统，经济效益显著。例如：北京新世纪饭店中水回用工程（占地面积 200m²，工程投资 37.5 万元，运行成本仅为 0.86 元/m³）、北京科技会展中心中水回用工程（占地面积为 90m²，工程投资 38 万元，运行成本 1.24 元/m³）等。这些成功的事例为生态建筑中水回用是否经济给出了明确的答案，亦为山语城居住区中水回用系统建设提供了翔实的参考经验。

山语城居住区距离贵阳市核心商业区 4 公里左右，交通便利，地理位置优越。但同时也意味着，此处给排水管网负荷很高，铺设新管网成本高、难度大。因此，山语城居住区采用中水回用系统更具有实践价值。

(2) 环境效益分析。就环境效益而言，在山语城居住区内实行中水回用，可以减少污水排放量和污水处理量，减轻对排放源周边地区的环境污染，并可为住区绿化、喷泉水池等景观用水提供充足的新水源，从而有助于提高住区乃至周边的环境质量，改善居民的生活环境。

（3）社会效益分析。对于社会效益来说，山语城居住区充分利用中水可对水源起到涵养保护作用，有助于消减夏季高峰用水量，减轻市政用水压力；有助于带动其他社区实施中水回用和保障贵阳市的供水安全，为贵阳市争创中国首个生态文明城市、建设节约型社会做出应有的较大贡献。

2. 污染防治建议

Ⅰ. 处理技术选择

近年来，随着水污染的日趋严重，水处理技术快速发展。水处理技术特别是分散式处理技术的发展，为居住区中水回用提供了有力的技术支持。目前，在建筑中中水处理应用较多的有生物接触氧化（如北京金都假日饭店）、生物转盘（如北京华侨大厦）和絮凝过滤膜分离技术（如北京丽晶苑大厦）等。

根据《山语城环境影响报告书》，新庄污水处理厂未建成和建成之后，污水处理站出水的 BOD_5、COD、NH_3-N、SS、LAS 和动植物油五项均超过《城市污水再生利用　城市杂用水水质》（GB/T18920－2002）的标准值，故必须对出水进行进一步的处理才能满足使用要求。项目废水产生总量约为 $8547.99m^3/d$（包括医疗废水 $10.2m^3/d$），若使其中 30％用于中水回用，即 $2561.337m^3/d$，山语城需建设一个日处理量为 $3000m^3/d$ 的中水回用设施。

对二级生物处理出水进行深度处理，一般采用混凝、沉淀、过滤的物化处理方法，建议处理流程为：生物接触氧化→沉淀池反应池→过滤→消毒。该工艺为三级处理工艺流程，其技术成熟、排泥量少、操作简便、运行可靠和便于全自动控制。经过生物接触氧化处理的出水水质可达到《污水综合排放标准》（GB8978－96）的二级排放水质要求，在此基础上进行沉淀、过滤和消毒处理后，出水水质可达到《城市污水再生利用　城市杂用水质》（GB/T18920－2002）标准。

根据山语城的用水规模，若中水回用量按 30％即93.49 万 m^3/a 计，采取上述处理工艺，一次性投资约 1300 万元，运行费用为 0.4～0.6 元/吨污水；而不采取中水回用，污水经简单处理后排入污水处理厂，排污费最低为 3 元/吨污水。显然，中水回用每年可节约处理成本至少为 93.49 万 m^3/a×（3 元－0.6 元）＝224.376 万元，6 年可以收回一次性投资的成本。由此可见，山语城居住区采取中水回用措施不但可以降低污染，减少水资源浪费，亦可节约总投资和日常运行成本。

Ⅱ. 中水利用分配

根据《贵阳山语城居住区项目详细规划设计》，中水回用量根据生态住区建设要求定在 30%，主要用于居民冲厕以及居住区内绿化，水量分别为 $2430m^3/d$ 和 $131.34m^3/d$。下面就其用水分配是否合理进行分析。

根据文献资料，目前居民的冲厕用水量约为每人 45L/d，[16][17] 山语城共有居民 4.5 万人，则日冲厕需水量达 $2025m^3/d$。山语城规划范围总用地为 $93.32hm^2$，绿地率为 37%，而《建筑给水排水设计规范》GB50015—2003 中规定："居住小区绿化浇洒用水定额可按浇洒面积 $1\sim3L/m^2 \cdot d$ 计算，干旱地区可酌情增加。"则每日绿化用水量约为 $345.3\sim1035.9m^3/d$。贵阳市雨水丰沛，故视最低量 $345.3m^3/d$ 为实际需求量。与规划中的绿化用水量比较可发现，规划中的绿化用水量尚不足最低实际需求量的 40%，即中水量无法满足绿化用水需求。但另一方面，规划冲厕水量为 $2430m^3/d$，高于每日的冲厕需水量 $2025m^3/d$，若能采用相应的节水设备，冲厕中水能够结余更多，即：

$$2025m^3/d + 345m^3/d = 2370m^3/d < 2430m^3/d + 131.34m^3/d$$
$$= 2561.34m^3/d$$

可见，若对中水量分配进行适当调整，将冲厕剩余用水用于绿化，完全能够满足绿化用水需求，剩余中水还可用于冲地或洗车。因此，建议山语城住区在运行管理过程中，积极采用节水设备以减少冲厕用水，而增加绿化用水。否则，需要提高中水回用率达 30% 以上，可满足冲厕、绿化及冲地和洗车的需求，这势必又要增加中水回用处理的投资。何者为佳，有待开发商抉择。

此外，由于贵阳市雨水较为充沛，绿地每年需要浇灌 $200\sim250$ 天，[18] 若每日处理的中水可以储存，待需要时再利用，亦可节约水资源。由于贮存需要兴建蓄水池，势必会增加施工期的成本投入。

7.2.3 雨水收集利用

居住区雨水利用主要有两种方式：一是利用绿（草）地、透水路面的铺装、建筑屋顶面集水等手段增加雨水入渗或进行人工回灌，补充日益匮乏的地下水资源，同时减轻市政排水工程的负担；二是将雨水利用作为生态环境用水、生态景观用水。[19]

在国外雨水收集利用技术被广泛应用，日、美、德等发达国家的地方法规中已将该技术作为一种政府行为强制执行。[20]美国许多城市建立了屋顶蓄水和由入渗池、井、草地、透水地面组成的地表回灌系统，并令所有新开发区强制实行"就地滞洪蓄水"。[21]在英国，伦敦世纪圆顶示范工程的雨水收集利用系统，每天可回收 100m³ 雨水作为冲洗厕用水。日本于 1992 年颁布了"第二代城市下水总体规划"，正式将雨水渗沟、渗塘及透水地面作为城市总体规划的组成部分，要求新建和改建的大型公共建筑群必须设置雨水就地下渗设施。[22]德国长期致力于雨水利用技术的研究与开发，从规划、设计到应用不但形成了完善的技术体系，而且制定了配套的法规和管理规定。目前德国在新建小区之前，无论是工业、商业还是居民小区，均要设计雨水利用设施，若无雨水利用措施，政府将征收雨水排放设施费和雨水排放费。[23]由上述事例可见，若能有效利用雨水，可以明显缓解水资源紧缺的状况。

根据《贵阳山语城居住区项目详细规划设计》，居住区内部各台地将建立独立的雨水收集管渠系统：外围部分沿路布置明渠，居住组团内部路下以敷设暗管，步行广场两侧采用明渠加盖板的方式收集雨水。但雨水收集后直接排入城市雨水管网或小车河，而未加以利用，这将造成较大的水资源浪费。

因此，对山语城的雨水收集利用提出如下建议：

1. 屋顶雨水拦蓄利用

（1）屋顶集雨系统。在屋顶修建蓄水系统，经沉降、处理后，可为分散的住宅提供生活水源。例如：丹麦在城市利用屋顶收集雨水，每年能从居民屋顶收集 645 万 m³ 的雨水，经过滤用于冲洗厕和洗衣，占居民冲洗厕所和洗衣服实际用水量的 68%，占居民用水总量的 22%。[38]由于贵阳市酸雨问题较为严重，若山语城居住区采用屋顶集雨系统，收集的雨水用于冲厕或洗地无疑是较佳的选择。

（2）屋顶—渗井回灌系统。在屋顶修建蓄水系统，在住宅旁修建渗井或渗沟，建立屋顶—渗井回灌系统，使雨水在屋顶积蓄后，逐步放入渗井或渗沟，再回补地下。该系统在控制径流汇集、减小洪峰流量的同时，可使地下水得到补给，使遭到破坏的水环境系统得以恢复，同时也起到阻止地面沉降的作用。

山语城居住区在后续建设中，可考虑采用上述雨水收集利用系统。由于雨水酸性较高，若要将其回灌地下水，还应经过必要的中和处理。此外，山语城以高层建筑为主，每栋建筑屋顶面积比例较小，但数十栋建筑的屋顶蓄水总量和利用效率依然较为可观。

2. 道路雨水收集

(1) 道路集雨系统。山语城在居住区道路、广场和地上停车场等的路面铺设中，建议采用渗水砖，其益处如下：

① 节约成本。目前道路铺设使用较多的烧结砖造价约为每平方米 100 元，而透水砖的造价为 50～60 元，成本可降低 40%～50%。以郑州市为例，目前郑州市区人行道面积约为 1250 万 m²，若市区人行道全部铺装渗水砖，与全铺烧结砖相比可省城建资金近 5 亿元。此外由于无需增加雨水排水管径，又可节约 5 亿元。[24]资料表明，居住区内道路用地占总用地比例应控制在 8%～15%，取平均值 11.5%，则山语城居住区内道路用地为 6.81hm²。若全部采用渗水砖铺设，保守估计可节约成本 272.4 万元。

② 节约水资源。目前，新型渗水砖的渗水能力约为 30%～50%。仍以郑州市为例，其年平均降雨量约为 600mm，渗水砖的渗水能力以 40% 估计，人行道每年可保留雨水达 300 万 t，郑州市的绿化用水可减少 1/4。而贵阳市的年均降雨量为 1174.7mm，若山语城居住区道路用地全部铺设渗水砖，并在道路两侧修建蓄水池，则道路每年平均可保留雨水 $1174.7\text{mm} \times 40\% \times 68100\text{m}^2 = 3.2 \times 10^4 \text{m}^3$，即 3.2 万 t。山语城每年绿化用水为 $345.3\text{m}^3/\text{d} \times \frac{1}{2} \times (200\text{d} + 250\text{d}) = 7.77$ 万 t，则收集的雨水占年绿化用水量的 41.2%。另则，蓄积的雨水经处理后还可用以冲厕、洗车、景观水补给，以及回灌补充地下水。

③ 调节局地环境。渗水砖吸收大量水分之后，当外面的空气比较干燥或气温较高时，这些砖里的水分就会散发出来，增加空气湿度，能改善局部空气的环境质量。

(2) 人工湖。山语城居住区利用道路收集的雨水和富余的中水可以修建人工湖，以增加山语城水面面积，美化居住区环境。

3. 绿地、草坪消纳雨水

绿地、草坪是消纳雨水、增加入渗的理想场所，并具有减小洪峰流量的功效。如果在居住区中，将绿地设计为略低于两边地面或道路路面的结构，利用绿地消纳屋顶以及居住区内不透水铺装的径流，可明显增加草地入渗，减小区内径流峰值。山语城居住区绿化面积达到 37%，能充分发挥绿地蓄纳雨水，增加入渗补给的功用。

7.2.4　景观水

山语城的景观水体，包括居住区内的水池、喷泉等人工封闭水体以及东南面的小车河。景观水具有如下基本功能：①静止的景物配以活动的水景可带来美感，供人观赏；②戏水、娱乐与健身的功能；③改善居住区环境；④调节小气候：小溪、人工湖、喷泉都有除尘、净化空气及调节湿度的作用。因此，保护景观水水质健康意义重大。

1. 小车河治理

根据《山语城环境影响报告书》，在对小车河 5 个断面的水质检测中，小车河坝上 SS 和 TN 均超过《地表水环境质量标准》（GB 3838—2002）Ⅱ类标准限值，即地表水质量达不到《地表水环境质量标准》（GB 3838—2002）Ⅱ类标准。小车河坝下 SS 和 TN 均超过《地表水环境质量标准》（GB3838—2002）Ⅲ类标准限值，即小车河坝下以及南明河断面水质均达不到《地表水环境质量标准》（GB 3838—2002）Ⅲ类标准。

因此，建议应由贵阳市政府采取如下措施：如关停沿河小印刷厂、造纸厂以及其他严重污染小车河水质的其他工厂，要求小车河附近不能达标排放的污染企业限期治理、改进工艺；加快新庄污水处理厂的建设进度，加快贵阳市产业结构调整等，以保证小车河水质达到《地表水环境质量标准》（GB 3838—2002）的相关规定。

2. 运营期污染治理

Ⅰ. 污染来源

山语城居住区日常排放的生活污水、停车场的洗车废水、雨水、生活垃圾及其渗透液、漂浮物和施工尘土等，尤其是大量有机污染物及氮、磷等植物营养物进入水体后，加速水体富营养化的过程。因此，若不能妥善管理，对周围环境污染物的排放不严格控制，景观水质很容易受到污染，严重影响周围的自然环境和居民的生活质量。

此外，居住区内的喷泉、蓄水池等水体为封闭水域，面积小，水环境容量小，抗干扰力弱，自净能力低。如果水体不能定期更新或净化，受到周围环境、居民活动以及降雨等的影响，水质也会逐渐下降。届时，不但无法满足人们观赏、休闲的需求，还会降低生活品质。

Ⅱ. 污染防治建议

（1）污染控制。山语城居住区生活污水全部进入区内的污水处理站，垃圾集中清运，有利于保护居住区内的封闭景观水体。此外，还应该采取下述措施积极控制污染源。

地表径流雨水含有较多的有机物和无机尘土，尤其是初降雨水污染程度相当于生活污水，不能直接进入封闭水体，需收集静置沉淀处理后再使用。水池边应做毛石或预制混凝土块护砌，并由物业管理人员定期对净水水面漂浮物进行清除。

（2）水体污染治理。对于小车河和山语城内的景观水体，可采取以下方法净化水质：

物理方法。包括机械过滤、疏浚底泥以及水位调节等方法。清除河底、池内沉淀物及抑制泥中氮、磷的释放，是控制内负荷的有效途径，有助稀释水体中污染物的浓度，防止水体富营养化。此法对山语城居住区内部的人造水体景观很有效，但对于水面较大的小车河景观水体治理投资较大，或易造成大量的水资源浪费。

水生植物系统。充分利用自然净化与水生植物系统中各类水生生物功能上相辅相成的协同作用来净化水体。亦即利用食物链间的相依关系，可有效地回收和利用资源取得水质净化和资源化、景观效果等综合效益，并提高水体对有机污染物和氮、磷等无机营养物的去除效果。效果较好的植物品种有：凤眼莲、莲、芦苇和香蒲等。此方法可用于小车河的水质净化。

微污染生物处理。微污染生物处理，是目前国内外最常用的一种高效先进的处理技术。即采用生物接触氧化法，使细菌和真菌类的微生物河源生物、后生动物一类的微型动物附着在填料或者某载体上生长繁殖，形成膜状生物群落，当污水与生物膜接触后，污水中的有机物、植物营养物氮、磷等被生物膜上的微生物摄取，使微污染水得到净化。这种方式可有效地处理有机污水，降低污染物总量，使水体得到完全彻底的净化。

Ⅲ. 补给来源

《绿色生态住宅小区建设要点与技术导则》中要求：景观水应采用循环系统，并应设置净化设施；景观用水系统应结合中水系统进行优化设计，景观用水水源宜使用雨水或中水。但根据《山语城环境影响报告书》，山语城居住区产生的中水全部用于绿化和冲厕，并未考虑景观水体的用水问题。若景观水体使用自来水或地下水，不但浪费水资源，而且提高了日常的运行成本；若景观水体不能定期更新，则水质可能恶化，影响自然环境和居民生活。

根据 7.2.2 节按 30% 回收率计算，中水水量仅能满足日常绿化和冲厕。但如果在山语城居住区中推广使用节水型冲便器，可实现 60% 的节水率，则居住区每日冲厕需水量降至 810m³/d，节约中水 1215m³/d。另则，若使中水回收利用率提高到 30% 以上，则可以产生较多的中水，用作景观水体的补充水和冲洗道路用水。此外，若山语城项目能够建成完善的道路雨水收集系统，经过水处理后亦可用于补充景观水。

7.3　固废处置

近年来，随着我国城市化进程的持续加快，城市居民生活垃圾产生量亦随之巨量增长，2005 年全国年垃圾清运量已达 1.56 亿吨。在 2000 年至 2005 年间，全国垃圾的年均增长量为 5.7%，[25] 略高于城市人口平均增长率，与建成区面积增长率接近。近多年来，全国无序堆放的垃圾总量高达 70 亿吨，占用土地资源超过 5 亿立方米，严重污染大气和地下水资源，气体爆炸事故时有发生。

《绿色生态住宅小区建设要点与技术导则》中要求，生态小区在废弃物管理与处置中应以无害化、减量化和资源化为基本原则；并强调指出，应最大限度地实现生活垃圾的无害化、减量化和资源化。山语城欲创建生态文明居住区，理应达到上述要求。

7.3.1　固废产生情况

1. 施工期

根据《山语城环境影响报告书》，项目施工期间开挖土石方总量为 63.92 万 m³（其中拆除旧建筑物垃圾 50.29m²，土方 2.326 万 m³，石方 9.304 万 m³），回填量为 35.71 万 m³；建筑垃圾弃渣为 26.21 万 m³，弃渣运到离项目所在地约 20km 的贵阳市龙洞堡农场建筑垃圾消纳场堆放，该消纳场现尚可堆放约 8000 万 m³ 的建筑垃圾。经贵阳市城市综合执法局环卫处确认，拟建山语城项目弃渣具体路线为：车水路—花溪大道—万东高架桥—龙洞堡建筑垃圾堆场。

此外，还有施工人员生活垃圾。施工人员按每天 1000 人计，生活垃圾产生量为 0.5kg/人·d，则施工人员每天可产生 0.5t 的生活垃圾。这些生活垃圾，需要及时清运至贵阳市高雁城市生活垃圾卫生填埋场处置。

2. 运营期

山语城项目产生的固体废物主要来自居民的生活垃圾，以及酒店、中小学、幼托及其他社会服务产生的生活垃圾等。居民生活垃圾产生量以每人1kg/d 计算，45000 人日产生垃圾达 45t/d；酒店、中小学、幼托及其他社会服务垃圾产生量以每人 0.5kg/d 计算，9304 人产生的垃圾为 4.652t/d，住区年产生活垃圾高达 18122.98t。根据《山语城环境影响报告书》，产生的生活垃圾须及时清运到贵阳市高雁城市生活垃圾卫生填埋场处置。

居住区年产生医疗垃圾量 10.95t，产生的医疗垃圾将及时清运到贵阳市比例坝特种垃圾处理场处理后填埋。污水处理站处理时产生的污泥 150t/a，经无害化处理后运至贵阳市高雁城市生活垃圾卫生填埋场处置。

由于垃圾产生之后全部及时向住区外清运，因此本身不会对山语城产生比较严重的环境污染，但此固废处置方式绝非长久之计。

贵阳市中心区目前日产生活垃圾约 1200 吨，2006 年年底中心区生活垃圾无害化处理率达到 100%，预计全市 2010 年可达 90% 以上。贵阳市的生活垃圾处理率在全国处于领先水平，但是要争创全国首个生态文明城市仍尚嫌不足，且伴随城市人口规模的膨胀和生活废弃物的剧增，仅靠现有的处理方式较为艰难。因此，在《贵阳市城区环境卫生设施规划方案公示》中，贵阳市决定近期至 2010 年，将大力开展垃圾分类投放试点工作，积极促进再生资源回收利用；城市生活垃圾以卫生填埋为主，城区生活垃圾无害化处理率 100%，争创国家卫生城市。此外，建设垃圾分类收集示范小区，规划 2010 年在云岩、小河、花溪、乌当、白云和金阳各建设一个垃圾分类收集示范小区；远期2020 年逐步推广在城区实现全面垃圾分类投放、分类收集。[26]

山语城要争创生态文明居住区，规划中垃圾全部外运填埋的处理方式难以满足市政府的要求。卫生填埋作为最终垃圾处置方式，是其他处置方法无法取代的。但随着填埋场地的减少，有限的填埋容量要求生活垃圾由直接填埋向稳定化、减量化、资源化处理后再进行填埋过渡。除了卫生填埋，目前比较成熟的技术主要有焚烧、堆肥以及分类回收。

7.3.2　固废处置方式

1. 焚烧

垃圾焚烧法是一种比较有效的垃圾处理方法，其减量化、资源化和无害化效果都较为理想。生活垃圾焚烧技术的发展历史相对较短，但发展很快。从20世纪70年代到90年代中期的20多年间，是垃圾焚烧技术发展最快的时期。几乎所有的发达国家、中等发达国家都建有不同规模、不同数量的垃圾焚烧厂，发展中国家已建有或正在筹建垃圾焚烧厂的也不在少数。垃圾焚烧技术的发展方兴未艾。

美国从20世纪80年代起，由政府投资70亿美元兴建了90座垃圾焚烧厂，年总处理能力为3000万t。34个州的地方政府从1985年起，在15年内投资150亿美元兴建城市垃圾能源化工厂，并从中受益达40亿美元。目前，美国已建大中型垃圾焚烧制能厂402座，最大垃圾发电厂（底特律市）日处理垃圾量4000t，发电量65MW。[27]

日本为目前世界上拥有垃圾焚烧厂最多的国家，至1996年已有垃圾焚烧厂1854座，垃圾焚烧处理总量为每日5.2万t，占垃圾总量的73%。仅东京市就有13座垃圾焚烧厂，1984年共发电3亿多kW/h，收入11亿日元以上，同时还为小区供热提供蒸汽和为居民福利设施提供热水。据1996年的统计资料，日本有145座设施利用垃圾焚烧发电。

另有一些国家实行政府补贴和建立基金会等方式来鼓励生活垃圾的资源化。如瑞士1996年起向建设和管理生活垃圾焚烧厂的企业增加补助金；英国政府给配电公司发放补贴，用以购买生活垃圾焚烧厂生产的电力；法国为推进生活垃圾焚烧发电事业的发展，政府采取资金补贴的方式给予支持。

由此可见，垃圾焚烧是垃圾处置的有效手段。但是，由于焚烧将带来二次污染，特别是二英污染问题，因此对垃圾焚烧设备的要求很高，这是我国发展垃圾焚烧的主要障碍之一。对于山语城而言，垃圾处置方式必须迎合贵阳市城市垃圾处理规划需要，由于焚烧技术投资成本高，贵阳市亦缺乏相应的配套建设，且在远景规划中也无意向发展，因此，垃圾焚烧方式不适合山语城选择。

2. 堆肥

与垃圾焚烧相比较，堆肥的资源化利用程度更高。早在 20 世纪的 70—80 年代，许多发达国家就曾建设了大批机械化程度较高的垃圾堆肥厂，不少国家还制定了垃圾堆肥产品的技术标准，同时也在提高垃圾堆肥产品质量、扩大产品销售和拓展产品使用范围等方面做了大量工作，有效地促进了垃圾堆肥技术的推广应用。20 世纪 80 年代后期，发达国家的生活垃圾堆肥技术应用陷入低谷，许多规模较大且机械化程度较高的生活垃圾堆肥厂相继倒闭。但即使在这种形势下，一些国家或城市仍在坚持不断改进垃圾堆肥技术，提高垃圾堆肥产品质量，稳步发展着生活垃圾堆肥技术。

目前在国外，堆肥技术正在向着机械化、自动化的方向发展，而为了防止对环境的二次污染，堆肥也趋向于采用密闭的发酵仓方式。在我国，囿于当前的经济现状，高度机械化、自动化的堆肥设备成本太高，不符合我国的国情，因此不适用于在我国经济发展水平较低的贵阳市推行，亦不是山语城垃圾处置的理想选择方案。

3. 分类回收

在垃圾分类回收方面，日本无疑是全球公认的典范之一。日本为了保护环境、减少污染，在处理城市生活垃圾方面，对市民做出了严格的规定。市民对其生活垃圾必须做出 10 种分类，以方便垃圾回收人员把垃圾送到垃圾处理场进行分类处理。

日本政府通过制定法律法规、宣传教育、建立垃圾回收产业体系、支持环保产业以及加大技术开发力度和资金支持等做法，使大多数日本公民能够严格遵守政府环保部门的要求与规定，积极、有效地配合环保人员的工作，取得了显著的环保效果。1990 年至 2002 年日本全国城市生活垃圾处理情况见表 7-9。

表 7-9 日本全国城市生活垃圾处理情况

年份	垃圾总量 (1000 万吨)	每人每日垃圾排出量(克)	直接焚烧 (1000 万吨)	直接资源化 (1000 万吨)	再生利用 (1000 万吨)	再回收利用率(%)	最终处理量 (1000 万吨)
1990	50.441	1.120	36.192	—	1.683	5.3	16.810
1995	50.694	1.105	38.804	—	2.782	9.8	13.602
2000	52.362	1.132	40.304	2.224	2.871	14.3	10.514
2002	51.610	1.111	40.313	2.328	3.503	15.9	9.030

资料来源：日本总务省统计局统计数据. www. stat. gojp/data. 2006 年 4 月 18 日。

从表 7-9 可知，自 1990 年至 2002 年，日本的垃圾总排出量只增加了 116 万吨，每人每日垃圾排出量减少了 9 克，达到了减少垃圾产生量的目的；在焚烧技术和直接资源化技术领域均有了明显的改进，使中间处理后再生利用量增加了 182 万吨，再回收利用率从 5.3％增加到 15.9％，最终处理量减少 778 万吨。可见，日本的城市生活垃圾总量有减少趋势，而垃圾处理和回收再利用技术水平则明显提高。

垃圾分类回收与焚烧和堆肥相比较，不会产生二次污染问题，且无需购买昂贵的处理设备，成本只有后两者的 1/5；加之贵阳市政府决定大力开展垃圾分类投放试点工作、积极促进再生资源回收利用，并建立垃圾分类收集示范小区。因此，山语城居住区应采取分类回收的垃圾处置方式。此外，据有关调查显示，贵阳市城市生活垃圾的主要成分是无机物，占垃圾总量的 57.05％；有机物含量低，只占 21.61％；可回收物占 21.34％。若采取垃圾分类回收处理方式，则每年可减少生活垃圾填埋量 3800 余吨，这将为缓解贵阳市垃圾处理用地紧张问题做出积极贡献。

要进行垃圾分类回收，日本的成功经验值得贵阳市和山语城居住区学习、借鉴。建议拟采用的策略如下：

（1）充分发挥发挥政府职能作用，加强对市民的环保宣传和教育。贵阳市政府应高度重视对市民的环保意识教育，并制定相关具体和细化的法律法规，积极进行环保宣传和环保常识普及。由于我国整体国民的环境意识较淡薄，所以环保教育方面需面向全民，不仅需要对中小学生进行宣传和教育，更重要的是加大对成人进行宣传和教育的力度。山语城居住区在居民入住后，应积极以张贴宣传报、举办活动和分发宣传手册，以及通过住区闭路电视、网络等方式，向居民们传播垃圾分类的知识，鼓励居民们自觉地加入环境保护的行列。

（2）建立垃圾分类制度，细化标准。处理城市生活垃圾的最有效方法是从源头分类。在我国，众多市政和环保部门并没有为垃圾分类回收创造理想条件。如大部分垃圾箱属于混合垃圾箱，少数分类回收垃圾箱也只是作表面功夫，收集处理时又混合在一起。

日本政府环保部门通过法律法规的形式，限制居民随意丢弃垃圾，减少产出量；并且在细化标准的同时，对每一类垃圾的分类要求、丢弃方法、最终处理环节等内容进行图文并茂的解释和说明，还为居民提供各种方便条件，从而有效地从源头上解决了环境污染问题。贵阳市也应及时出台相关地方法规，建立垃圾分类制度。山语城居住区应在居民入住协议书中注明垃圾减量、分类处理的有关详细守则，在分类垃圾箱体上方制作简易、醒目或以卡通形象示意的提示牌。另则，初始阶段可由物业公司的巡逻保安或垃圾收管人员在居民早晚习惯投放垃圾时予以提示、监管，促其形成良好的环保意识和行为。

（3）鼓励和扶持垃圾回收产业体系。在日本，经过多年的技术和市场探索，垃圾的回收利用已经形成了比较稳固和健全的产业体系，日本政府提供低息贷款和技术指导来支持环保产业的发展。目前，环保产品在日本占有的市场份额很高，亦取得了非常理想的收益。而在我国，城市生活垃圾处理的管理体系和经济技术政策等均滞后于社会经济发展水平，严重影响了垃圾回收产业体系的发展进程。

有鉴于上，贵阳市政府应采取积极措施，促进垃圾清运和处理向市场化方向发展，建立企业投资为主、政府监督为辅的健全的垃圾回收产业体系。就此，建议市政府率先在居住人口规模甚大的山语城实施垃圾分类回收和市场化管理。如贴息贷款给山语城下岗居民组建垃圾回收公司，或由市政垃圾运输、处理部门建立相应的企业，在住区实施可回收的垃圾付费给居民、而不可回收的垃圾则由居民付费收运的市场化准则。然后，在总结经验的基础上推广于全市，并对可回收的垃圾经产业化处理以变废为宝。

此外，山语城为实现垃圾的分类回收还应该做到：

（1）在居住区内设置分类回收的相关设施。首先，应设置垃圾分类回收箱。通常来说，垃圾箱设置得离居民家越近，垃圾的分类收集率就越高。上海半淞园街道的西凌小区内有一幢老式高层住宅楼，其各楼层均设置了有机垃圾和无机垃圾收集箱，而整幢楼底层设置了有害垃圾收集箱，多年来可达到90％左右的分类收集率，成效显著。其次，垃圾收集车也应专车收集特定分类，避免出现将已经分类的垃圾又重新混装的情况。

（2）做好住区生活垃圾的密闭储运和过程无害化。由于生活垃圾极易造成环境污染，因而作为生态文明居住区，在垃圾的储存和运输过程中必须做好密闭。首先，垃圾房应该设置于居住区的下风方向，全密闭确保垃圾不外漏；并须有排水设施，让冲洗水排入污水处理站；能除臭，满足垃圾存放容量和垃圾分类的要求。其次，垃圾运输车辆必须密封转运。普通居住区转运垃圾目前常用的方式，是由垃圾桶搭挂自装翻斗垃圾车来运输，虽然操作简单、维护方便且价格低廉，但密闭性差，极易在装运过程中造成二次污染。因此，山语城居住区的垃圾运输车必须密封转运，并且不能在沿途造成飘尘、臭气或发生排水。

7.4　声环境

我国居住区普遍存在着噪声污染问题。噪声会干扰居民们正常的生活和工作，影响睡眠质量，并分散注意力，导致反应迟钝，工作效率下降。根据我国对城市噪声与居民健康的调查：地区的噪声每上升 1dB（A），高血压发病率将增加 3%。此外，营养学家研究发现，噪音还能使人体中维生素、氨基酸以及谷氨酸等必需的营养物质的消耗量增加，从而影响健康；噪音令人体肾上腺分泌增多心跳加快、血压上升，容易导致心脏病复发。鉴于噪声污染对于居民健康存在诸多潜在危害，控制居住区噪声污染十分必要。

下面从山语城居住区室外和室内声环境两个方面来评估其声环境质量，并就如何防治噪声污染提出相应建议。

7.4.1　室外声环境

1. 施工期

根据《山语城环境影响报告书》，山语城项目施工期中的土石方阶段和基础施工阶段声源有一定影响，应加以控制；结构施工阶段工期长（一年以上）、使用设备较多，昼间超标影响距离在 30m 左右，夜间超标影响距离为 120m，为重点噪声控制阶段；设备安装阶段，由于大部分设备在室内使用，对外界影响较小。

施工期间，应注意噪声对附近学校、居民区以及医院等敏感建筑的影响。贵阳市第十三中学距离建设项目最近，土石方、结构施工噪声对其影响较大，因此应在学校与施工场所之间设置隔声墙，以减小施工噪声对学校的影响，并尽可能将影响太大的项目安排在假期作业。施工期间，施工单位应加强现场管理，在居住区规划和建设时，尽可能做到成片建设和各项配套工程同时施工，一次完工，以使前期居民入住后能有稳定的安静环境。

2. 运营期

Ⅰ. 区外环境影响

山语城居住区在运营期间，来自外部的主要声污染源为车水路交通噪声、株六复线和贵昆铁路运输产生的噪声，以及周边商业和居民生活噪声。

（1）公路交通噪声影响。按交通部《公路建设项目环境影响评价规范（试行）》（JTJ 005—96）中有关噪声模型和方法进行预测。

① 预测模型：

某车辆行经监测道路时，预测点接收到小时交通噪声值可按下式计算：

$$(L_{Aeq})_i = L_{ui} + 10lg\left(\frac{N_i}{v_i T}\right) - \Delta L_{距离} + \Delta L_{纵坡} + \Delta L_{路面} - 13$$

式中：$(L_{Aeq})_i$ 为 i 型车辆行驶于昼间或夜间，预测点接收到小时交通噪声值，$dB(A)$；L_{ui} 为第 i 型车辆的平均辐射声级，$dB(A)$；N_i 为第 i 型车辆的昼间或夜间的平均小时交通量，辆/h；v_i 为第 i 型车辆的平均行驶速度，km/h；T 为预测时间，取 1h；$\Delta L_{距离}$ 为第 i 型车辆行驶噪声，昼间或夜间在距噪声等效行车线距离为 r 预测点处的距离衰减量，$dB(A)$；$\Delta L_{纵坡}$ 和 $\Delta L_{路面}$ 分别为公路纵坡和路面引起的交通噪声修正量，$dB(A)$。

将车型分成大、中、小三种，车速以交通量估计。预测模式的适用范围：预测点在距噪声等行车线 7.5m 以远处，车辆平均行驶速度在 20～100km/h 之间，预测精度为 ±2.5dB（A）。

混合车流模式的等效声级是将各类车流等效声级叠加而求得，总车流等效声级为：

$$L_{eq}(T) = 10lg[10^{0.1leq(h)l} + 10^{0.1leq(h)m} + 10^{0.1leq(h)s}]$$

项目车辆噪声声功率级按以下经验公式计算：

$$\left.\begin{array}{l} 大型车：L_{w,L} = 77.2 + 0.18v_L \\ 中型车：L_{w,M} = 62.6 + 0.32v_M \\ 小型车：L_{w,S} = 59.3 + 0.23v_S \end{array}\right\} (dB)$$

式中：L、M 和 S 分别代表大、中和小型车；v_i 为各型车平均行驶速度，km/h。

② 计算结果：

根据现状监测数据，车水路昼间车流量按 660 辆/h、夜间车流量按 519 辆/h 估算，车辆行驶速度按 40km/h 计算。利用上述模型经计算可知，车辆通过车水路时产生的噪声影响值，即小时等效连续声级为：昼间 76.2dB（A），夜间 63.9dB（A）。与《声环境质量标准》（GB3096－2008）中城市次干线两侧执行 4a 类标准相比较，昼间超标 6.2dB（A），夜间超标 8.9dB（A）。车辆通过时将对临街建筑产生较大的瞬时噪声影响，鸣笛时声级可达 85dB（A）

以上，但一般持续时间不长。

　　根据《山语城环境影响报告书》，评价小组对车水路噪声影响进行了监测。选择的监测点为距车水路公路交通噪声、贵昆铁路以及株六复线交通复合噪声最近距离为 20m 的 A 地块居民住宅。复合噪声的实际监测值，昼间为 71.8dB（A），夜间为 54.2dB（A）。根据《声环境质量标准》（GB3096－2008）中城市次干线两侧执行 4a 类标准［昼间低于 70dB（A），夜间低于 55dB（A）］，监测点昼间超标 1.8dB（A）。

　　③ 结果分析：

　　根据上述模型预测和监测出交通噪声传播至预测点的声压级，并对照《声环境质量标准》（GB3096－2008）2 类 4a 标准进行评价，结果见表 7-10。

表 7-10　噪声预测、监测结果与标准对比情况

噪声来源	预测点	预测距离（m）	预测值 dB（A）		标准 dB（A）		超标 dB（A）	
			昼间	夜间	昼间	夜间	昼间	夜间
车水路	3	20	76.2	63.9	70	55	6.2	8.9
等复合	3	以实测值为准	71.8	54.2	70	55	1.8	达标

　　由表 7-10 可以看出，与预测值相比较，噪声实测值有较大程度的衰减，这是由于预测噪声影响时忽略了空气吸收、绿化带吸收以及隔声屏障等作用产生的衰减值。山语城项目建成后，车流密度将有所增大，因此若不考虑各类减噪措施的影响，其实际声环境值将高于监测值，临街住宅将受到一定程度的影响。故而须针对噪声影响的程度和类别采取相关的降噪防噪措施，使噪声值进一步衰减，以减轻对住区的影响程度，使声环境能够满足居住环境功能区的噪声标准要求。

　　（2）铁路交通噪声影响。铁路噪声可分为三类：鸣笛噪声、列车通过噪声和固定设备噪声。这三种噪声中，鸣笛噪声影响最大，列车通过噪声次之。一次鸣笛的持续时间，长声为 3s，短声为 1s。

　　① 预测模型：

　　按照《铁路边界噪声限值及其测量方法》（GB 12525—90）中的模型进行预测。在铁路交通噪声预测中，将机车鸣笛、广播、车辆减速器和空压站等视为点声源，将按一定速度通过评价区段的运营行驶列车视为线声源，最后经过计算得出这个由多声源组成的复合声源的噪声值。

点声源对预测点的声级 L_p 按下式计算：

$$L_p = L_0 - 20 \times \lg\left(\frac{r}{r_0}\right) - \Delta L$$

线声源对预测点的声级 L_p 按下式计算：

$$L_p = L_0 - 10 \times \lg\left(\frac{r}{r_0}\right) - \Delta L$$

各声源共同作用的总等效声级 L_{pe} 按下式计算：

$$L_{pe} = 10 \times \lg\left(\sum_{i=1}^{n} 10^{\frac{L_{PI}}{10}}\right)$$

② 噪声源强及预测点确定：

铁路噪声源的噪声级参照实测数据，[28]铁路经过时各点声源的间歇噪声状况见表 7-11。

表 7-11　铁路间歇噪声状况

点声源	等效连续 A 声级［dB（A）］	对应的测点位置
汽　笛	120～130	距轮道中心线 7.5m，高 1.5m 处
风　笛	100～125	同上
曲线通过	90～118	同上
广播喇叭	93～97	距轮道中心线 15m，高 1.5m 处

列车运行状态的噪声辐射主要由两部分组成：一是机车牵引噪声，二是列车运行时的轮轨撞击噪声，其噪声级大小取决于行驶速度。表 7-12 给出了列车运行状态时的噪声。

表 7-12　列车运行状态辐射噪声状况　　　　　单位：dB（A）

车辆类别	运行速度对应的噪声值	
	40～60（km/h）	70～90（km/h）
客　车	78～86	89～94
货　车	89～93	92～95

选择山语城居住区西北和东面住宅楼作为铁路噪声预测点，预测点距贵昆铁路和株六复线的最近距离为 60m。

③ 预测结果分析：

根据上述预测模型计算出铁路噪声传播至住区居民楼的噪声，并与《声环境质量标准》（GB 3096—2008）中的 4b 类标准进行对比，结果见表 7-13。

表 7-13　噪声预测结果与标准对比情况

噪声来源	噪声类别（m）	预测距离	预测值 dB（A）	标准 dB（A）	
				昼间	昼间
铁路噪声	各点、线噪声源叠加值	60	75～78	70	60

由表 7-13 可知，在列车经过山语城西北和东面方向的铁路时，对居住区东侧和西北侧住宅产生的噪声值远高于标准值，此处居民将受到持续性的噪声影响。由于住区东面还蒙受车水路交通噪声的侵扰，故东侧的居民楼受到外部噪声的影响较大。因此，必须采取相关降噪、隔声和吸声措施，以最大限度地减轻对居住区的影响。

（3）噪声控制建议。根据上述分析可知，项目建成后，山语城东侧临街住宅将受到车水路和株六复线噪声的影响，西北方向临街住宅将受到贵昆铁路的影响。为了降低居住区外环境对区内的影响和保障居民的声环境健康，提出如下噪声控制建议：

① 源头控制：

重视环境噪声污染，尤其是居民小区噪声污染问题，需要市、区政府和有关部门加强管理，采取有效措施以降低噪声污染源头。

为减少山语城运营期噪声源污染，市政府应合理布局城市道路，在车水路主干道路两侧应预留较宽的缓冲带。市交通监管部门通过法规，以减少重型和高噪声车辆沿车水路行驶，或限制车速、禁鸣喇叭，尽力避免汽车噪声特别是夜间对住区的干扰。

对于无法避免的铁路噪声问题，除了设置隔声屏障措施外，可积极上书铁路管理部门，告诫列车司机尽力不鸣笛和适当减速行驶，或合理调整列车运行时间，以避免午夜路经住区产生的强噪声干扰。

② 设置隔声屏障：

在采取上述源头控制措施后，若临街第一排敏感建筑仍然达不到环境标准要求，可采用声屏障或安装高效隔声窗，以减少交通噪声的影响。

声屏障的降噪效果直接取决于其高度、被保护建筑物位置、声源位置和周围的环境条件。声屏障通常对两侧低层建筑效果明显，对 5 层以上建筑几乎没有降噪作用；对小尺寸声源效果较好，对大尺寸声源效果较差。大多数声屏障高度为 2～6m，降噪效果一般为 5～10dB（A）。对于山语城这样以高层建筑为主的居住区而言，声屏障显然无法满足需求。

隔声窗通常为双层结构，外层为中空玻璃，可起到保温节能的效果，同时可避免窗户内层的结露问题；内层为夹胶玻璃，起隔声作用。目前最新型的隔声窗尤其加强了中低频的隔声，可显著提升整体隔声效果。由于这种新型的隔声窗在两层窗户之间设置了吸声材料，故进一步加强了室外声能的衰减。[29] 一般隔声窗的隔声量在 25～35dB（A），高效隔声窗可达 42dB（A）。显然，高效的隔声窗是降低临街住宅室内噪声的有效措施之一，非常适合山语城居住区的临街住宅使用。

③ 绿化降噪：

居住区的绿化结构对于隔声降噪有较大作用。资料表明，由墙夹植物或植物与墙组合的绿化复合结构，降噪能力最强；由乔、灌、草组合的绿化结构，降噪能力次之；单重绿化结构中，草地的降噪能力最弱。

山语城居住区规模较大，宜集中设置较大面积的整块公用绿地，包括专用绿地、道路绿地、住宅组群绿地和宅旁绿地组成绿地系统；充分利用自然地形和现状条件以及建筑物对噪声源的控制因素，利用墙与植物构成的结构或乔、灌、草组合有一定几何尺寸的绿化结构，以起到屏声降噪及吸纳灰尘和其他污染物的作用。

东面的车水路是山语城居住区建成后主要的交通噪声源，应用多层植物树种进行有机搭配组合栽植，如选用树冠较大的大乔木、耐荫而叶密的小乔木和灌木植物树种成行成墙培植，有助加强隔音降噪及吸附粉尘，以减轻外来因素对住区环境的影响。

山语城居住区具有组团结构，各组团外围宜用木兰科等较为芳香的树种，组团之间光照较弱的地块应选用耐荫的树木；组团内的绿地应用观赏性较高的乔木树种进行点缀造景，同时利用具有不同地方特色的植物体现组团的风格。资料表明，[30] 高大的乔木和灌木构成的绿化结构对高层住宅的底层部分减噪作用明显，草地构成的绿化结构对高层住宅底层的减噪作用不大。因此，在组团内部应多设置乔木、灌木复合结构，以保证低层住宅的声环境质量。

在居住区的绿化中，高大的乔木对高层建筑 50m 以下部分有明显的降噪作用，对 50m 以上的部分降噪效果较弱。因此，居住区应大力发展阳台、露台、屋面的垂直绿化，以提高高楼层的减噪能力和降温、增湿及减尘的综合生态效益。

大片的绿化带有助于减轻城市噪声的影响，乔、灌、花草搭配效果尤为明显。有关资料表明，密植 20～30 米宽的林带可降低交通噪声 10dB（A）。山语城西、西南面为山林包围，故在东、东南和西北面若能建 20m 以上的绿色隔离带，就可以保证整个居住区的宁静。此外，在居住区内的学校、医院等敏感建筑周围，也可以设置一圈乔、灌、草结构的隔离带，以保证声环境达到标准。

④ 合理布局：

在居住区规划中，将对噪声限制要求不高的公共建筑及商业区已布置在邻街靠近噪声源的一侧，而大部分住宅和学校、医院的规划布局受外部噪声影响相对较小。居住区中 A 地块和 F 地块住宅则临街临路而建，难免会受到外围噪声的烦扰。对于这两地块住宅，在平面设计中应优先保证卧室安宁，力求将主要卧室布置在背向街道或交通道路一侧，而靠街靠路的一侧可布置客厅或其他辅助用房，如楼梯间、储藏室、厨房、浴室等。诚然，若配合上述隔声和绿化等措施，上述两地块的临街临路住宅将不会受到交通噪声的困扰。

Ⅱ. 区内环境影响

山语城项目建成运营后，区内环境噪声主要来自汽车进出车库时的交通噪声、加压水泵房、中央空调系统、地下车库排风设备、居民厨房油烟风机等设备噪声以及居民活动噪声等。根据住区环评报告和有关资料，各主要声源的噪声级见表 7-14。

表 7-14　主要噪声源的等效声级

序　号	噪　声　源	等效声级 Lep［dB（A）］
1	汽车交通噪声	70～80
2	水　泵	80
3	水冷却塔	75
4	居民、厨房油烟风机	72
5	中央空调系统	80～85
6	地下车库排放设备	85

由表 7-14 可知，山语城居住区主要声污染为汽车出入地下车库的交通噪声、各类水泵风机运转噪声以及会所的娱乐活动噪声。由于山语城项目区域范围较大，因此下面主要分析各噪声源对周边住宅的影响。

（1）影响因素分析

① 地下车库：

依据山语城居住区规划，在整个建筑区块共设置了 16 个停车场，车库设置在中高层住宅楼地下以及住宅前后的地面。地下车库均为中小型，车库平均声级为 66dB。地下车库能够屏蔽一部分噪声影响，但车辆进出车库时仍将影响到距离车库较近的住宅楼。根据《山语城环境影响报告书》，地下车库车辆出入时对区内住宅楼最大影响值为 62.3dB。因此，若不采取措施将会对车库附近若干住户居民造成明显影响。

② 会所：

山语城项目会所位于区内中部和西南面，用地面积约 22100m²。根据项目规划设计，且考虑到区域住宅人群的实际情况，其会所设置主要为市政公用用房、管理用房和物业经营用房及各类娱乐健身用房、娱乐厅等。其中各噪声源中影响较大的为中、低档娱乐设施，平均噪声级可达 75～85dB。

采用整体声源法预测噪声影响。该方法的基本思路是将噪声源作为一个整体声源，预先求得其声功率级 L_w，再计算声传播过程中各种因素造成的衰减 $\sum A_i$，然后求得预测受声点 P 的噪声级 L_p。计算公式如下：

$$L_p = L_w - \sum A_i$$

式中：L_p 为预测受声点 P 的噪声级，$dB(A)$；L_w 为整体声源的声级功率级，$dB(A)$；$\sum A_i$ 为声波传播过程中各种因素造成的总衰减量，$dB(A)$。

L_w 可由下式计算：

$$L_w = L_{pt} + 10\lg(2S)$$

式中：L_{pt} 为整体声源周围平均声压值，$dB(A)$；S 为整体声源面积，m^2。

$\sum A_i$ 可由下式计算：

$$\sum A_i = A_d + A_a + A_b$$

式中：$A_d = 10\lg(2\pi r^2)$，代表距离衰减，$dB(A)$；$A_a = 10\lg(1 + 1.5 \times 10^{-3} r)$，代表空气吸收衰减，$dB(A)$；$A_b = 10\lg(3 + 20N)$，代表屏障衰减，$dB(A)$；$r$ 为整体声源的中心到受声点的距离，m；N 为菲涅耳数。

因此，预测公式可以转化为：

$$L_p = L_{pt} + 10\lg(2S) - A_d - A_a - A_b$$

将娱乐场所作为一个整体声源来进行预测分析。由相关研究可知，娱乐场所周界的平均声压级约为 68dB（A）。[31] 整体声源对周边环境的噪声贡献值预测结果见表 7-15。

表 7-15　整体声源对周边环境的噪声贡献值　单位：m（米），dB（A）

距声源边界距离/m	10	20	30	40	50	70	90	120	噪声排放标准*
预测点噪声	62.3	59.2	57.0	55.2	53.7	50.9	48.4	44.8	昼55/夜45

注：*《社会生活环境噪声排放标准》中 1 类功能区的边界噪声排放限值。

由预测结果可知，娱乐场所整体声源对周边环境的噪声贡献值昼间在 40m
以内将超过《社会生活环境噪声排放标准》（GB 22337—2008）中的 1 类标准，
夜间的影响范围可达 120m。可见，娱乐场所对山语城居住区声环境，尤其是
夜间声环境影响显著。因此，必须采取隔音降噪措施。

③ 泵房：

根据《贵阳山语城居住区项目详细规划设计》，项目将设置配套的风机房、
水泵房，其平均声级在 85dB 左右。考虑到区域整体的协调性和降噪要求，风
机房、水泵房均设置在地下，利用地面来屏蔽噪声。地下室隔声效果较好，其
隔声量能达到 40dB 以上。因此，项目营运后风机房、水泵房噪声不会对周围
环境造成明显的不利影响。

（2）对策建议

① 地下车库：

该项目在地下车库出入口距离较近的住宅楼，其车辆进出汽车尾气和噪声
影响均较大。因此，建议在出入口坡道部位应加筑隔声防护墙和防雨顶棚，防
治出入车库的车辆对较近住户可能产生的噪声和尾气污染影响。同时在出入口
和地面临时停车场地周围应加强绿化，如在车库通道顶棚和墙体种植攀缘和藤
本植物，使之成为"绿色出入口"。

地面停车场较为分散，且停车泊位较少，关键是减少车辆的进出次数，特
别是晚上 10：00 后要加强车辆出入的管理和提示，使得车辆噪声对停车场附
近住户的影响降到最小。

② 会所：

根据上述预测结果，娱乐场所运营期对居住区声环境的影响较大，因此必
须采取专门的隔声设计，如窗户应安装高效隔声窗。为了保证距离最近的住户
不受影响，隔声量应大于 35dB（A）。另则，考虑到居住区内绿化降噪的效
果，娱乐场所对居住稍远的居民生活影响不大。

③ 泵房：

风机房、水泵房均设置在地下，地下室隔声效果较好，对居民生活影响不
大。但应注意：第一，变电所及配电间等设施应尽量设置在地下室，利用地面
来屏蔽噪声；第二，尽可能保证变电所与环境敏感点保持间距 15m 以上，以
降低噪声对环境敏感点的影响；第三，在泵房中，应选用机械性能好、噪声低
的水泵机组，并采用设有隔振垫或减振器的隔振基础，泵房内管道宜采用防震
吊支架。上述这些措施，均可降低泵房噪声对居民的干扰。

7.4.2 室内声环境

影响室内声环境的主要因素有：门窗的隔音效果，室内排水管道系统的噪声情况等。由于对山语城的室内声环境无法预知，因此下面仅就如何减少噪声提出建议。

1. 隔音门窗

90％的外部噪声是由门窗传入室内，因此，选择隔音效果好的门窗非常重要。

Ⅰ. 隔音门

（1）塑钢门。塑钢门的隔音性能取决于门与门框之间的密合度，缝隙传声是影响门隔声性能的重要因素。塑钢门一般采用胶条密封，隔音效果较为明显。经实验测定，[32] 门扇下沿与地面之间有无密封条隔声量相差 2dB（A）。此外，塑钢门耐腐蚀，可用在沿海及化工厂等腐蚀性环境中，贵阳市酸雨较为严重，住宅楼使用塑钢门可减少维护的油漆和人工费用。

（2）木质门。对于实木门和实木复合门，隔音好坏主要取决于门板中的填充物。木材密度越高、门板越厚的木门，其隔音性能越好。如果木门中填充的是蜂窝状结构的纸基，隔音效果一般；若使用内芯为刨花板的门，隔音效果最高可达到 32dB（A）。

（3）玻璃门。隔音效果取决于玻璃的厚度和种类。雕花玻璃门、双层中空玻璃门的隔音效果最好，适用于卧室、书房或厨房与客厅之间的隔断部位。

Ⅱ. 隔音窗

（1）塑钢窗。塑钢窗的隔声原理与塑钢门相似。资料表明，[33] 欲达到同样的降噪要求，安装铝窗的建筑物与交通干道的距离必须达到 50m，而安装塑钢窗达到 18m 即可。根据北京市劳动保护研究所的检测，使用塑钢窗可使外环境对室内的噪声影响降低 32dB（A），效果显著。

（2）中空玻璃窗。窗户由两层或多层平板玻璃构成，四周用高强度气密性好的复合剂将两片或多片玻璃与铝合金框或橡皮条黏合密封，玻璃之间留出空间，充入惰性气体以获得优良的隔热隔音性能。由于玻璃内封存的空气或气体传热性能差，因而产生优越的隔音效果，可以隔离 70％～80％的噪声。中空玻璃还可以在夹层中摆入不同的窗花，做出特殊的装饰效果。

（3）夹层玻璃窗。夹层玻璃窗是在两片或多片玻璃之间加上 PVB（聚乙烯醇缩丁醛）或其他材料。PVB 中间膜能减少穿透玻璃的噪音数量，降低噪音分贝，达到隔音效果。例如：用 SafIex-PVC 塑料中间膜制成的夹层玻璃能有效地阻隔常见的 1000～2000Hz 的混合噪声。[34] 目前国外已经兴起了"寂静别墅"，并深受欢迎，因而夹层玻璃在国外住宅中的使用量已经占到了相当的比例。此外，在玻璃之间加入其他材料还可以制成一些特殊玻璃，如防盗报警玻璃、防火玻璃等。

山语城可根据住宅类型选择适宜的门窗，建议在普通高层中使用塑钢门窗，在高档住宅和别墅中使用木质门和夹层玻璃窗，以满足不同住户的需求。

2. 墙面隔音

Ⅰ. 地面及天花板

地面使用实木地板的隔音效果要好一些，如果楼板隔音效果太差，在铺装地砖时应该采用地面浮着隔音工艺，可以大大降低楼板传声。布艺品具有很好的吸音效果，悬挂与平铺的织物，如窗帘、地毯等，其吸音效果和作用相似。对于振动摩擦等中低音，可以采用地毯来减弱其对室内的影响。

吸音装饰板是将吸音和装饰结合起来的新型建材，具有优良的吸音性能且具有阻燃防火作用，还可根据设计要求加工成各种形状的吸音体。为了加强隔声效果，吊顶可以采用此类材料制作。

Ⅱ. 墙面和阳台

墙面不宜过于光滑，否则声音会在接触墙壁时产生回音从而增加噪音的音量。因此，可选用壁纸等隔音效果好的装饰材料，或将墙壁做得粗糙一些，使声波产生多次折射，从而削弱噪音。此外，在靠近噪声源的墙面加一层纸面石膏板，墙面与石膏板之间用吸音棉填充，然后再在石膏板上粘贴墙纸或涂刷墙面涂料，可以有效减弱噪音。在墙上挂较为厚重的窗帘，亦能起到较好的隔声效果。还应该注意墙面孔洞的空气传声，如电线盒、插座盒以及空调孔等，可能成为墙面传声的通道。

居室外阳台是噪声传播的罪魁祸首。对于高层住宅楼，在阳台上统一加一层外窗，不但可以防止室外噪声的传入，还可以提高住宅安全性，且起到保温隔热的作用。

上述这些措施，在实施一次装修时采用，亦可在未实施一次装修时通过印制居民入住手册介绍给山语城的居民参考。

3. 给排水系统

Ⅰ. **给水系统噪音的防治**

（1）给水管道噪声防治。防治给水管道噪声的关键是控制流速和压力。生活给水管道内的干管流速不宜大于 1.5m/s，支管流速不宜大于 1m/s。给水管道固定时，管卡与管道之间宜装设 5～8mm 厚的橡胶绝缘垫或采用弹性支吊架。缩小水平管支架的间距，可减小管道振动时产生的噪声。在水平支管上装设小型水锤消除器，对降低管路中的压力冲击噪声有很好的效果。

（2）给水配件选择。采用比重大的给水管及受水器，可减少管道及受水器的振动噪声。出水口的阀门、水嘴等不宜采用快速启闭的给水配件，以减少水锤噪声。在公共建筑的下行上供的热水管道中，供水立管最上端应设自动排气阀，及时排出立管中积聚的气体，以避免水嘴开启时水、气发生冲击产生爆破般的噪声。

Ⅱ. **排水系统噪声的控制**

（1）排水管道噪声控制。目前普遍使用塑料管道隔音效果要比铸铁管差，排水噪音要比铸铁管高约 10dB。因此，山语城的住宅中应尽量采用比重大且隔音性能好的排水管道，如芯层发泡 UPVC 管道和 UPVC 螺旋管等，能明显降低噪音。卫生器具布置时要尽量考虑使排水立管远离卧室和客厅。

（2）排水系统选择。对于高层住宅优先采用双立管排水系统，即设置专用通气立管。双立管系统能有效增加立管的排水能力，平衡排水立管内的正负气压，减少气塞现象，从而均有助降低排水噪声。新型排水系统也能够降低排水管道噪声，其上部特制配件具备控制立管形成理想空气芯、减缓立管内流速、防止横管水流剪断气流的功能；下部特制配件，能够减小水跃高度，稳定排水管内气压。水封冒气、涌动噪声，均可以通过降低排水管内压力波动、保证水封高度来控制。

（3）卫生器具噪声防治。卫生器具应尽量选用节水消音型。需要在地板上固定的卫生器具，应在器具底面铺设弹性橡胶绝缘层。与墙面有接触的卫生器具，应在接触面之间设橡胶绝缘层或橡胶异型件。在卫生间内布置洁具时，尽量把坐便器布置在与卧室不相邻的墙壁一侧。为此，在实施一次性或由居民自行装修时应予以重视，以实现尽力避免室内噪声烦扰之目的。

4. 绿化

利用室内摆放的绿色植物降低噪声。建议居民可以在临街靠路的窗台、阳台摆放一些枝叶繁茂的绿色植物，既有助于美化环境，又能够降低噪声传入。

本章附录：

（1）针叶树类：侧柏，龙柏，罗汉松。

（2）阔叶树类：

（2-1）常绿乔木类：樟树，细叶榕，菩提树，冬青，大叶冬青，桂木，鱼尾葵，散尾葵，蒲葵，广玉兰，棕榈，厚皮香。

（2-2）常绿小乔木或灌木类：细叶黄杨，含笑，山茶，茶，油茶，红籽果，大叶黄杨，金边黄杨，银边黄杨，红背桂，小叶女贞，夹竹桃，珊瑚树。

（2-3）常绿藤本类：鹰抓花。

（2-4）落叶乔木类：合欢，朴树，梧桐，中国白蜡，皂荚，玉兰，桑树，悬铃木，麻栎，鸡蛋花，槐树，榆树。

（2-5）落叶小乔木或灌木类：木槿，紫薇。

（2-6）落叶藤本类：炮仗花，珊瑚藤，爬山虎。

（3）果树类：菠萝蜜，板栗，柑橘，金橘，山楂，柿，无花果，银杏，杧果，扁桃，番石榴，石榴，蒲桃，枣，黄皮，柚，龙眼。

（4）花卉、草皮类：美人蕉，大花马齿苋，落地生根，竹节草，绊根草，白足草，细叶结缕草。

参考文献：

[1] 裴烨青，陈东辉，通笑等 . 营造空气清新的绿色家园——绿色生态住宅小区中气环境系统的构建和指标评价 [J] . 住宅产业，2008（10）：32—35.

[2] 北京市环境保护科学研究院 . 久居雅园 A 区项目环境影响报告书 [EB/OL] . http：//www. cee. cn/main/science％20developments/photo/yayuan22. pdf.

[3] 广西壮族自治区环境保护科学研究所 . 仁恒滨海中心建设项目环境影响报告书[EB/OL] . http：// www. yanlordland. com/yanlordchina/yanlord/myedit/UploadFile/2008516155858845. PDF.

[4] 周颖 . 贵阳市混合层高度的研究 [J] . 贵州环保科技，1997，3（4）：37—40.

[5] 中国科学院地球化学研究所 . "盛世花城"建设项目环境影响报告书 [EB/OL] . http：//www. gyig. ac. cn/html/583. htm.

[6] 闫育梅，王军玲，刘小玉等．公共地下车库空气质量调查与评价［J］．环境评价，2003（8）：38—43.

[7] 王立红．绿色住宅概论［M］．北京：中国环境科学出版社，2003.

[8] 王立红．绿色住宅概论［M］．北京：中国环境科学出版社，2003.

[9] 闫育梅，王军玲，刘小玉等．公共地下车库空气质量调查与评价［J］．环境评价，2003（8）：38—43.

[10] 王立红．绿色住宅概论［M］．北京：中国环境科学出版社，2003：86.

[11] 拒绝肺癌［J/OL］．健康周刊，http：//press. idoican. com. cn/detail/articles/20081110524B11/.

[12] 室内空气检测专论目录［EB/OL］．http：//www. szemc.. cn/szemc/upfiles/download/1474 _ snhj. doc.

[13] 做一顿饭等于抽两包烟——厨房油烟污染触目惊心［EB/OL］．新浪新闻中心，http：//news. sina. com. cn/c/2006-10-11/05 1210202787s. shtml.

[14] 谭刚，左会刚等．自然通风的理论机理分析与实验验证［A］．全国暖通空调制冷1998年学术文集［C］．中国建筑工业出版社，1998.

[15] 郭春信等．岳阳某地下商场自然通风的测定与分析［J］．暖通空调，2004（8）.

[16] 涂逢祥．建筑节能［M］．中国建筑工业出版社，2001.

[17] 赵平歌，宋慧．建筑自然通风的影响因素及实现途径［J］．房材与应用，2005，33（5）：54—56.

[18] 中央新风系统［EB/OL］．百度百科，http：//baike. baidu. com/view/2038207. htm.

[19] 曝气生物滤池［J/OL］．网易给排水，http：//www. co188. com/e _ pd _ 34310422 _ 1. htm.

[20] 孙力平，侯红娟．改进的 BAF 工艺用于工业废水处理［J/OL］．水信息网，http：//www. hwcc. com. cn/nsbd/NewsDisplay. asp? Id＝195725.

[21] BAF 预处理工艺应用研究［J/OL］．大湖机械，http：//www. 18show. cn/show/4338/Article _ 13608. html.

[22] 上海埃梯梯恒通先进水处理有限公司．先进改良 SBR 工艺［EB/OL］．http：//www. itthengtong. com/itt/product/Sanitaire/2005-8-18/20058181113478396. htm.

[23] 一体化氧化沟［EB/OL］．古腾水，http：//www. iwatertech. com/tech/oxidation _ ditch/12223/.

[24] 贵阳创建节水型城市迫在眉睫［EB/OL］．中国水利网，http：//www. chinawater. com. cn/newscenter/cmss/t20050713 _ 152046. htm.

[25] 程璞．我国建筑中水回用工程的探讨［J］．山西建筑，2003，29（14）：80—81.

[26] 耿安锋，王启山，王秀艳．绿色建筑再生水回用可行性研究［J］．山西建筑，2006，32（1）：3—4.

[27] 付婉霞，吴俊奇．建筑节水技术与中水回用［M］．北京：化学工业出版社，2004：32—34.

［28］卫生间模块化排水节水装置应用研究［EB/OL］. 中国绿色建筑网，http：//www. cngbn. com/bbs/dispbbs _ 42 _ 74188 _ 18. html.

［29］李田 . 分质供水与城市的可持续发展浅议［EB/OL］. 天工网，http：//info. tgnet. cn/Detail/200608091142115944 _ 1/.

［30］气候状况［EB/OL］. 中国城市联盟，http：//c. chinacity. net/chengshi/guiyang/guiyangjiyi/2008-06-03/3303. html.

［31］谢振华，崔亚莉，邵景力等 . 城市绿色生态中的雨洪利用研究［A］. 智能与绿色建筑文集［C］. 北京：中国建筑工业出版社，2005.

［32］发达国家如何利用城市雨水［EB/OL］. http：//scitech. people. com. cn/GB/41163/3698229. html.

［33］熊红松，钱江峰，杨开等 . 对住宅区雨水系统功能的再认识［J］. 中国住宅设施，2006（9）：60—62.

［34］王淑梅，王宝贞 . 城市排水系统体制探讨［J/OL］. 现代分析监测，http：//www. cnenv. com/quan/read. asp？qid＝1010＆class＝1＆id＝4592.

［35］刘毅，雨水利用能否缓解城市之渴［EB/OL］. http：//www. people. com. cn/GB/paper464/12572/1130131. html.

［36］新型透水砖现郑州街头，每年可补水 5 个西流湖［EB/OL］. http：//www. xinhuanet. com/chinanews/2007-08-20/content _ 10902 464. htm.

［37］南宁市环境保护局 . 2000—2005 年全国城市生活垃圾情况统计［EB/OL］. http：//www. nnhb. gov. cn/web/2007-02/7473. htm.

［38］贵阳城区生活垃圾 100％无害化处理［EB/OL］. 贵阳市人民政府门户网站，http：//www. gygov. gov. cn/gygov/14425757783980 76928/20071214/97733. html.

［39］我国环保产业产业发展现状及重大技术装备和重大产业技术分析［EB/OL］. 中国工控网，http：//www. gongkong. com/Common/Details. aspx？Type＝paper＆CompanyID＝8-B9F2-1F2B4D8 D438E＆Id＝2008043014223000001.

［40］姜华，吴波 . 城市生活垃圾处理现状、趋势及对策建议［J］. 电力环境保护，2008，24（1）：50—52.

［41］贵阳生活垃圾七成无害化处理［EB/OL］. 新华网，http：//www. gz. . xinhuanet. com/xwpd/2004-03/23/concent _ 1833236. htm.

［42］铁路边界噪声限值及其测量方法（GB 12525—1990）［S］. 中国标准出版社，1991.

［43］燕翔，张杰 . 某住宅瑞德低频隔声窗和新风系统设计［EB/OL］. 瑞德环保，http：//www. bjrunder. cn/info/showinfo. asp？id＝94.

［44］刘志武 . 广州岭南花园住宅生态绿地规划研究［M］. 广州：华南理工大学出版社，2002：81—82.

［45］佛山市顺德环境科学研究所有限公司 . 容桂高黎外环路以东地块二房地产建设项目环

境影响报告书[EB/OL]．http：//epb. shunde. gov. cn/data/2008/06/05/1212645977. doc.

［46］曾雪敏，冯继妍．营造一方宁静的天地［EB/OL］．中国别墅网，http：//www. villas. com. cn/ptfu/zxfj/yzyf. asp.

［47］北京建吉塑钢门窗有限公司．塑钢门窗：四大优点［EB/OL］．http：//www. jianjimc. com/News. asp? Id＝1.

［48］新型隔音门窗满足用户需求［EB/OL］．香巴拉家居网，http：//sunbala. cn/Ehome/News/2479/Ehome＿247963. htm.

第8章 居住区精神文明建设的
技术措施与对策建议

通过居住区物质文明和环境文明的建设，有助于改善人们的居住条件、节约资源、协同人与自然的相依关系；而加强居住区精神文明的建设，则是提升居民德智素养、保障社会和谐演化的基石。

因此，针对案例居住区山语城现有规划方案中有关精神文明建设内容的薄弱和缺失，特提出以下对策方略，供开发商和住区物业及居民参考改进，亦可供相似研究借鉴。

8.1 绿化与人文景观建设

8.1.1 绿化景观建设

居住区绿地主要包括公共绿地、宅旁庭院绿地、公共建筑绿地和道路绿地，这些构成了居住区的绿地系统。因此，居住区的绿化系统也就是由宅旁庭院绿化、道路绿化、中心绿地（即中心花园或中心公共绿地）组成的点、线、面结合的绿化系统。

居住区绿化主要是满足物质功能和精神功能两方面的需求。其物质功能包括遮阳、隔声、改善小气候、净化空气、防风防尘、杀菌、防病，以及监测空气质量等；精神功能主要体现为美化环境、分隔空间、丰富休闲场所，以调节或舒缓人们的身心压力、丰富居民的精神生活和利于儿童游戏等。[1]

1. 基本原则

山语城的市场定位是打造出具有高附加值的产品，而高品质的绿地规划则是其彰显精神文明建设和提升房屋附加值的重要体现。山语城规划用地内多是丘陵地形，地势复杂多变，可以结合人工景观的搭配营造出丰富多彩的绿色空间。在进行山语城绿化设计和建设时，应尽量遵循以下基本原则。

（1）适地适景、因地制宜原则。依据山语城的地形、地貌和周边环境培植适宜的树种或花草群落与之相协调，做到"横有起伏具韵律、纵有层次富变化"的意境之自然美。另则，需要将贵阳历史文脉以及民俗特色融入住宅的环境绿化中，利用原有地形、植被和自然水系，创造富有地方特色的居住环境。

（2）物质功能与精神功能相结合原则。绿色树种、草皮和花卉的选择与群落培植，需要根据住区道路、宅旁、休闲广场、学校、医院等功能区的特点来安排，在满足物质功能的同时着力于精神功能的观赏需求，努力达到生态性与观赏性的统一，服务功能与艺术价值的协同。

（3）整体协调与居民参与原则。山语城住区的地形、地貌特点以及住宅分区、公共建筑和道路设施对绿化的不同功能需求，决定了绿化设计应在空间和季节上各具特色，既能增强生态屏蔽、环境吸纳等物质功能，又能移步异境而富有极强的视觉感染力。但需要遵循整体性原则，即在空间结构设计上使单块绿地与整个绿地系统相协调，使物质功能与精神功能相协同；在时序配置上，达到季季绿色充盈、花红似锦；在绿色物种培植方面，做到乔灌木和花草群落的有机协同，使景物相得益彰。

住区绿地设计要满足居民的需求和多样化的审美情趣，需要征询和尊重当地居民的意愿，而其维护和保养亦需要居民的积极参与和奉献，以实现人与自然的和谐。

2. 绿地规划与建设建议

（1）草坪草种的选择。草坪草种的选择，应遵循气候环境适应性原则和优势互补、景观一致性原则。遵循气候环境适应性原则，是指根据草坪种植地区所属的区域性大气候和其具体地点的局域性小气候特点，选择最适宜的草坪草种、品种及其组合。贵阳市地处亚热带温和湿润气候区，多年平均气温为15.2℃，草种选择宜以冷季型草为主。冷季型草的最适生长温度为15℃～25℃，大多原产于北欧和亚洲森林的边缘地区，广泛分布于凉爽湿润、凉爽半湿润地区，其生长主要受高温持续时间以及干旱环境的制约。冷季型草的主要特点是绿色期长、色泽浓绿、需要精细管理等。可供山语城草坪选择的草种种类较多，包括早熟禾属、羊茅属、黑麦草属、翦股颖属、雀麦属和碱茅属等十几个属 40 多个种的数百个品种。

遵循优势互补及景观一致性原则，即依据建植草坪的目的、周围景观的特点，以及不同草坪草种、品种的形态特征和抗性，选择最适宜的草坪草种、品种及其组合。为了增强草坪草对环境胁迫的抵御能力，宜对山语城绿地的草坪草种按照一定的比例进行混合播种。即利用不同的草种在遗传组成、生长习性、对各生态因子的适应性及抗病虫性等方面存在的差异，通过混合播种既可达到优势互补，又能保障景观上的一致。由于多年生的黑麦草具有发芽快、幼苗生长迅速、能快速覆盖地面等特点，可用于在混播组分中充当先锋植物。[2]

（2）道路绿化。根据居住区的规模和功能要求，居住区道路可分为住区级道路、小区级道路、组团级道路及宅前小路四级。对于不同级别的道路，其绿化方式和策略应有不同的要求。[3]

① 住区级道路。系居住区的主要道路，是联系居住区内外的通道，人行车行均较频繁。车行道宽度一般需 9m 左右，行道树的栽植要考虑遮阴与交通安全，特别在交叉口及转弯处要依据安全三角视距要求，保证行车安全。在此三角形内不能选用体型高大的树木，只能用不超过 0.7m 高的灌木、花卉与草坪等。主干道路面宽阔，选用体态雄伟、树冠宽阔的乔木可使干道绿树成荫，但要考虑不影响车辆通行。在人行道和居住建筑之间，可多行列植乔灌木，或以草坪、灌木、乔木形成多层次复合结构的带状绿地，以起到防尘、隔声的作用。

② 小区级道路。系联系居住区各组成部分的道路，是组织和联结小区各绿地的纽带，对居住小区的绿化面貌有很大作用。小区级道路一般路宽 3～5m，以人行为主，是居民休闲散步之地，树木配置应丰富多样。在树种选择上，可以多选小乔木及开花灌木，特别是一些花开繁密、叶色变化的树种，例如：合欢、樱花、五角枫、红叶李、乌桕、栾树等。每条路可选择不同的树种、不同断面的种植形式，使每条路的绿带各具特色。在一条路上以某 1～2 种花木为主体，如：形成合欢路、紫薇路、丁香路等。在台阶等处，应尽量选用统一的植物材料，以起到明示作用。

③ 组团级道路。以通行自行车和人行为主，一般路宽 2～3m，绿化与建筑的关系较为密切，多采用开花灌木以欢悦居民。

④ 宅前小路。即联系各住宅的道路，以行人为主，路宽一般 2.5m 左右。道路两旁可分别种植小乔木和花卉草坪，但需注意转弯处不能种植高大的绿篱，以免阻挡人们的视线。靠近住宅的小路旁绿化不能影响室内采光和通风，

以种植鲜花、灌木或草坪为宜。通向两幢建筑中的小路路口应适当放宽，扩大草坪铺装，乔灌木应后退种植，可结合道路或景观小品进行配置，以供儿童就近活动。同时，道路设计还要方便救护车、搬运车能邻近住户。各幢住户门口应选用不同树种，采用不同形式进行布置，以利于辨别。

（3）花卉设计。"花"是植物的繁殖器官，"卉"是草的总称。花卉种类繁多，包括热带、温带、寒带和高山花卉。根据贵阳市的气候特征，可选择的花卉主要是中国气候型中的温暖型类。该类花卉中著名的品种有：一串红、三角花、杜鹃、山茶、马蹄莲、中国水仙、中国石竹、天人菊、半枝莲、半边莲、石蒜、百合、报春、花烟草、麦秆菊、非洲菊、南天竹、美女樱、唐菖蒲、堆心菊、银边翠、猩猩草、矮牵牛、福禄考等。[4]

在花卉的绿化设计上，山语城可以采用花坛、花境和花丛等不同的形式。花坛是在具有一定几何形轮廓的植床内种植各种不同鲜艳色彩的观赏植物，构成表示群体美的华丽图案装饰，花坛通常布置在广场中央或较大的空地上。花境是以多年生花卉为主，采取自然式块状混交布置组成带状地段，以表现花卉群体之美。花境的布置场合，通常是建筑物与道路之间的带状空地或道路中央。在树林边缘或自然式道路两旁，则可以布置由3～5株花卉集合成的花丛。

（4）墙体绿化和屋顶绿化。墙体绿化是一种占地极少的绿化形式，它具有与地面绿化相同的生态作用，同时也是一种建筑物外表的装饰艺术。墙体绿化植物主要选择可以依靠其吸盘、卷须、钩刺、缠绕茎等攀附在建筑上的攀缘植物。利用攀缘植物进行绿化，具有占地面积小、绿化功能多、繁殖容易和管理方便等优点。

贵阳市全年气候温暖，年降雨较多，墙体绿化植物选择范围较大。可供选择的绿化品种主要有：爬山虎、忍冬、紫藤、五叶地锦、山葡萄、常春藤、络石、凌霄、薜荔、油麻藤和木香等。对于墙体绿化的植物种植、植物配置等具体技术说明，可以参考《北京市垂直绿化技术规范》。[1]

屋顶绿化是一种在建筑物顶上种植乔木、灌木、花卉、草坪、蔬菜和水生植物的绿化方式，与地面绿化最大的差异在于种植的土壤不与自然土壤相连。屋顶绿化作为一种不占用地面土地的绿化形式，具有与地面绿化相似的美化环境、净化空气、降低噪声、减少环境污染、提高城市排蓄水功能和缓解热岛效应等作用。根据住宅用户的喜好和需要，屋顶绿化有不同的形式，一般可分为屋顶整片绿化、周边绿化和庭园式绿化。山语城以高层建筑为主，实施屋顶整片绿化较为适宜。

　　屋顶绿化植物一般都应具有耐旱、耐贫瘠、抗风和根系浅等特点，在具体选择时宜以符合要求的乡土植物优先。福建省亚热带植物研究所周新月、陈恒彬先生在《厦门地区屋顶花园植物的选择与配置》一文中，介绍了厦门地区屋顶绿化常用的植物，可以作为我国南方地区的代表。另外，可以以《成都市屋顶绿化及垂直绿化技术导则（试行）》作为山语城屋顶绿化的技术规范参考。[1]

8.1.2　人文景观建设

1. 小车河水滨景观

　　小车河是南明河的支流，自北向南流经山语城居住区的东侧。项目的一期和三期工程都紧邻小车河而建，其水滨景观规划在整个项目建设中占有重要的地位。

　　山语城规划方案提出一期工程应首先对项目东侧小车河及河道两侧进行治理，以改善居住环境。治理的主要内容应包括水体治理和岸堤修建，有关水体治理的对策前述已及，此处仅对岸堤修建提供一些建议。

　　项目所在地属丘陵地形，常年雨量较多，雨水多通过地表径流和地下渗透进入小车河中。因此，堤岸宜选择"可渗透性"较强的生态驳岸以保证河岸与河流水体之间的水分交换调和，同时增强小车河抗洪能力。生态驳岸有自然形驳岸和人工自然形驳岸两种类型。自然形驳岸的特点是在种植植被的同时，采用天然石材、木材护底，以增强堤岸抗洪能力。如在坡角采用石龙、木桩或浆砌石块等护底，其上筑有一定坡度的土堤，斜坡种植植被，实行乔灌草结合，固堤护岸。人工自然形驳岸，是指在自然型护堤的基础上再用钢筋混凝土等材料固堤，进一步提高河道抗洪能力。具体做法是将钢筋混凝土柱或耐水原木制成梯形箱状框架，并向其中投入大的石块，或插入不同直径的混凝土管，形成很深的鱼巢，再在箱状框架内埋入柳枝，水杨枝等；邻水侧种植芦苇、菖蒲等水生植物，使其在缝中生长出繁茂、葱绿的草木。[5]小车河选用自然或人工自然形驳岸，应依据堤岸的地形特点和水分交换、抗洪功能需求而定，且须顾及多样性的观赏需要和费用效益。

　　在进行河道整治之后，需对小车河的景观空间进行规划。根据"功能决定形式"的原则，滨水空间的景观形态、尺度应由交通功能和康体、休闲、娱乐功能来决定。这里的交通功能主要是指居民能够步行于河滨区，领略水光山色。沿小车河内侧林荫步道，串联各个公共开放空间，将沿线观景平台、广场、绿化水系组织起来，形成丰富的步行交通空间，达到步移景异的园林空间效果。铺设材料可以采用石块、木板等，以达到自由、舒适、方便、亲切、宜人为佳。[6]康体、休闲、娱乐功能是指小车河滨应有不同形式的绿色文化空间，以满足居民休闲、娱乐、追求健康生活等各种需要。如传统文化空间，可通过小品、雕塑、植物等造景要素表现贵阳的地方文化和民俗特色，增强居民的归属感和认同感。时尚空间，即将文化艺术领域（流行歌曲、流行文学、流行的建筑风格等）或娱乐方式（艺术吧、陶吧）的流行元素融于河滨布局，给居民以愉悦的同时，带给城市以快节奏的不定格的历史画面。健身文化空间，指在滨水区的林地及广场空地，为老年人及一些爱好者设置"静空间"，如气功、太极拳等；同时设置一些羽毛球、乒乓球等"动空间"，以满足城市不同人群对强体健身和娱乐的需要。[7]

2. 岩壁装饰

项目用地总体呈西高东低态势，最高点位于西中部山头，地面高程1150.00m；最低点位于东部小车河谷，河谷高程1065.28m，场地最大高差84.72m。在中部由于采石形成近南北向的一个槽谷，长约1km，宽110～190m。加之在建设过程中开挖土方整理地形，势必产生了一些高达数十米的峭壁。这些峭壁可以采用雕刻或岩画的方式装饰，构成山语城独特的人文景观。另则，可将部分峭壁改造为攀岩场所，为居民健身、娱乐开辟空间。

壁画具有体量大、占有资源多、所处位置显赫、永久性陈列、社会关注度集中的优势，[8]贵阳市少数民族多样、浓郁的文化风情为壁画展示提供了丰富的元素。山语城诸多高层建筑的侧面立墙则可成为壁画创作的"舞台"，以彰显民族文化和提高居住区的审美情趣。

贵阳境内共有17个少数民族，这些民族经过历史的积淀遗留下了灿烂的民族文化，主要包括语言文字、民间文学、民俗工艺、音乐舞蹈戏曲、村落民居、饮食服饰、药物医术、节日庆典、信仰祭祀和民俗礼仪等。[9]在这些文化元素中，最为著名的则是音乐舞蹈戏曲和民族服饰，如人们所熟知的"苗族古歌""侗族大歌"和苗族的银饰盛装等。在山语城的岩画和壁画中，可以雕刻或描绘这些民族歌舞的多姿多彩以及特有的民族图腾，以弘扬民族民间艺术和丰富居民的精神生活。另外，彝族人也留下了记录其辉煌历史的彝文石碑和摩崖石刻，山语城也可以"拷贝"于住区中，使居民能领略到贵阳民族历史的古朴与厚重。[10]

3. 住区景观小品设计

山语城住区内建筑物间距较大，空地较多，可在适当地点安置富有特色的装饰性小品，既对景观起到点睛作用，又能提升居住区的整体美感。这些景观小品包括水池、山石、雕塑和花坛等多种形式，不同的小品装饰所表现的景观特质和艺术内涵应各不相同。为了营造格调高雅的环境，可以较多选用艺术性高的雕塑来丰富山语城的生态文明建设。

雕塑是一种有独特环境效应的造型艺术，居住区内的雕塑应以居民喜闻乐见的题材为宜，尺度不宜大，要有人情味，采用耐久性强的石料、金属材料、混凝土或陶瓷材料来完成，[11] 亦可以民族图腾为内容用木桩雕刻而成。

根据山语城的景观规划和建筑规划，在住区内可以酌情安排以下三种类型的雕塑。第一种是主题性雕塑，即在中轴景观大道建立中心雕塑，以凸显整个住区生态文明之主题（简约、现代、生态、自然主题或南加州风情主题），使之成为整个住区的标志之一。第二种是装饰性雕塑，即在住区内的小块空地中设计一些能体现贵阳民族民间文化的艺术雕塑，如苗族的龙图腾崇拜、土家族的蛇图腾崇拜和虎图腾崇拜等题材，给居民以民族情操的陶冶和自然美的享受。第三种是功能实用性雕塑，可以将路标、灯具、儿童游乐设施、电话亭等设计成具有美感的外形，使之既具有一定的实用功能，又能点缀环境氛围。[12]

8.2　文教卫体与商业设施建设

8.2.1　教育

住区规划生态文明建设的评价结果显示，山语城精神文明的教育板块得分较低，究其原因主要是教育设施的建筑面积相对不足和社区教育体系不甚完善。因此，应针对这两方面着力改进。

山语城项目规划的基础教育设施面积 2.118 万 m²，平均 471m²/千人，显著低于《城市居住区规划设计规范》（GB50180－93）规定的 600～1200m²/千人标准。为此，需在原有的基础上扩大教育设施规模，以满足居民的学习和发展需求。另则，建议积极引入高档次的社会办学力量，本着互利共赢的原则协商联办小学、中学及幼儿园、职业学校，以充分调动各种教育资源，显著提升社区的教育水平和壮大教育规模，进而增强山语城高品质服务下的入住效应。

此外，山语城的社区教育体系亦需不断完善。社区教育是以社区为依托，以全体社区成员尤其是社区青少年为教育对象，以提高全民整体素质为宗旨的教育形式。社区教育内容是多方面的，包括学校教育的社区化，社区活动的教育化和居民终身教育等。在规划方案中，山语城的教育主要体现在幼托教育、小学教育和中学教育，而家庭教育和社会教育缺失，这距建立完善的社区教育体系尚有较大差距。因此，应建立起学校教育、家庭教育和社会教育三位一体的多层次、多渠道、全时空的育人格局，完善包括胎教、幼教、青少年教育、成人教育、老年教育在内覆盖一生的全员、全程、全方位的大教育体系。在山语城住区内可以考虑开展"家教指导中心""胎教指导中心""残疾人教育指导中心""社区学院"等工程。[13][14]尽管上述这些教育体系有待住区建成和居民入住后逐步予以建立健全，但从现住区空间规划和公共建筑设计、建造方面应有相应完备的建设方案。

8.2.2　卫生医疗

山语城住区的卫生医疗规划初步符合居住区生态文明建设的要求，但并非尽善尽美，尚需改进。关于住区卫生医疗体系的改进思路，主要有两条：一是适当扩大卫生医疗设施规模，二是完善卫生服务体系。

首先，山语城的人均医疗建筑面积和人均医院床位的水平与国家标准要求仍有一定的差距，可以通过增设卫生所或扩大医院规模的途径加以解决。

其次，规划方案中只反映出山语城的卫生服务点和医疗服务中心情况，而对于医疗卫生体系的其他方面没有提及。因此，建议项目从以下几个方面进一步完善现有的医疗卫生体系：一是须进一步完善山语城住区医疗卫生网络，逐步形成住区中心有医院（卫生院），组团中心有医疗站的网络格局，以方便群众就医保健；二是建立住区医疗单位、医务人员开展巡回入户医疗服务活动和建立家庭病床服务等制度，以解决部分居民尤其是老年人外出就医的困难；三是拟通过医疗卫生组织与居民的通力合作，逐步建立起居民家庭保健档案，为提高群众医疗保健水平服务；四是需要通过多种形式向居民宣传卫生保健知识，开展预防疾病的经常性活动；五是考虑深化住区康复工作，针对那些需要从生理上、心理上特殊关怀的残疾人、精神病人、弱智儿童等进行社会矫治，

欲使他们的生理、心理、肢体、听力、视力、智力等方面恢复到正常或良好
状态。[13][15]

8.2.3 文化体育

山语城文体建设规划的评价结果表明,文体设施的建筑面积符合《城市居
住区规划设计规范》(GB50180－93)的要求,但如何做好住区文体服务,特
提供思路和建议于下:

一是建设阵地,建立队伍,夯实社区文体事业的基础。鉴于山语城社区规
模较大,居民较多,可按分期建设的小区成立文体活动站和配置规模适宜的多
功能文体活动场所。在业主委员会的协助下由居委会专职文体干事负责,逐步
组织、培养一支群众文体业余骨干力量,以满足居民就近娱乐、就近健身的
需要。

二是形成网络,拟开展丰富多彩的社区文体活动。例如:在社区学校的协
助下通过建立校外红领巾大队、小天使艺术团、特长儿童文化艺术培训班等形
式,开展适合少年儿童特点的群众文化活动;通过居委会和业主委员会的组
织,举办社区趣味运动会或攀山攀岩竞赛,举办舞会、绘画、摄影等艺术节,
以丰富社区青年文体生活;尤其注重组织社区老年人成立书画、摄影、花鸟鱼
虫、戏剧、门球等协会和老年人合唱团、艺术团等,开展适合老年人身心特点
和需求的文体活动。

三是采取宣传、居民自组织或居委会组织等措施,发动群众广泛参与社区
或市区文体活动,拟使他们在娱乐中得到精神上的享受。[14][16]

诚然,上述这些应对措施主要是在山语城交付居民入住后有待实施的,但
既是住区生态文明建设不可或缺的部分,在规划和建筑设计时需要充分顾及文
体活动场所的合理建设。

8.2.4 商业设施

住区商业设施主要是指为了满足居民对日用消费商品和生活必需品的需
求,而为从事这部分商品经营的单位和个人所提供的经营场所。山语城项目在
规划方案中非常注重住区的商业设施,在一期项目中建设沿河特色商业街,商
业建筑面积 5.165 万 m²,在总量上完全达到了建设部所拟标准的规定。但是,

规划方案对商业设施所包含的具体种类未详细说明。为满足居民日常生活消费的需求，住区的商业设施应包含百货商店、专营商店、日用杂货点、副食品商店、综合商场、农贸市场、超市（自选商场）、便利店和各种类型的连锁店等。另则，在经营机制上既要引进品牌连锁经销商，又要招标吸纳服务质量好和平价经营的个体商户，以合法的竞争提升住区商业服务的质量。[16]

8.3 物业管理与和谐社区建设

8.3.1 物业管理

物业管理是指物业管理企业受物业所有人的委托，依据物业管理委托合同，对物业的房屋建筑及其设备、市政公用设施、绿化、卫生、交通、治安和环境容貌等管理项目进行维护、修缮和整治，并向物业的所有人和使用人提供综合性的有偿服务。物业管理的目的是为发挥物业的最大使用功能，使其保值增值，并为物业所有人和使用人创造整洁、文明、安全、舒适的生活和工作环境，最终实现社会、经济、环境三个效益的统一和同步增长。[14]

山语城的物业管理规划符合居住区生态文明建设的要求，但尚存诸多有待实践不断完善的方面。为了提升山语城住区的物业管理水平，建立起一套与社会主义市场经济体制相适应的社会化、专业化、企业化和服务管理体系，需按以下要求运作和改进。

一是采用等级评价和市场竞争机制选择较优物业管理公司。目前，国内物业公司与业主往往存在诸多矛盾，其根源之一是开发商因居民陆续入住而先期无法与之沟通下委托自身下属单位或选用不甚合格的物业公司来管理，易产生重管理而轻服务的意识，或偏倚于开发商的利益而忽视居民的业主利益诉求。解决的有效途径是开发商首先居于中立立场，采用等级评价和市场竞争机制选择本地或异地较优的品牌物业公司来管理，以从组织机制上保障山语城物业管理的优质服务。

二是加强住区居民委员会、业主委员会和物业公司的组织与分工合作制度建设。山语城因居住人口规模较大，既需要职能健全、人员配备充足的政府下属社区管理机构——居民委员会和从事专职服务的物业公司，又需要代表居民利益的社区业主委员会；既需要明确各自的职能和权限，又需要建立健全三者间的通力合作机制。为此，在居委会和物业公司先期司职的基础上，待入住居民达到一半以上应尽快成立社区业主委员会，并经充分协商建立健全相应的分工合作制度，以保障住区健康、有序与和谐发展。

三是建立居民评议与有效激励机制。住区物业管理始终须将业主利益放在首位，以服务为宗旨进行物业的科学管理和实现物业公司的经营效益。为此，需要建立居民年度评议和优质优价激励机制。即在依据对物业公司的等级评价确立服务内容、标准和收费等级水平后，在住区居委会、业主委员会和物业公司的精诚合作下实施居民年度评议，若未达标可适度降低收费水平，反之可提升一级收费水平，以促进物业管理与和谐公司、居民两者利益间的关系。为实现此愿，先期在由开发商通过竞争机制引进物业公司时须签署包含此内容与要求的正式合同，待居委会、业主委员会成立后可适当修订相应的机制条款，以保障山语城住区生态文明建设的健康发展。

四是加强住区环境管理，提升其服务水平。建设生态文明住区，物业管理中的环境管理显得尤为重要。住区的环境管理因污染源种类较多、时空变化较大、治理和管护涉及面较广、居民素养和忍耐、需求程度各异，故需要物业公司、业主委员会和居委会及居民的多方合作。为了提升山语城住区的环境管理水平，建议将 ISO 14000 环境管理理念和体系引入到社区的管理体系之中。ISO 14000 环境管理系列标准是世界各国特别是发达国家环境管理经验的提炼与总结，它的系列标准不仅适用于企业，同样也适用于社区。在我国 ISO 14000 的环境管理体系认证中，企业、开发区、旅游风景区的认证工作开展较快，社区的认证工作相对滞后一些。随着生态文明社区的创建，对社区进行 ISO 14000 环境管理体系认证越来越普遍。因此，山语城住区的物业管理机构在居委会和业主委员会的积极辅佐下要承担起社区环境管理体系认证工作，把认证工作作为提升物业环境管理水平的重要举措抓紧抓好，以保障住区环境质量和居民的身心健康。[15]

8.3.2　和谐社区建设

和谐社区是指以人为本，注重人与人、人与社会、人与自然之间关系和谐，通过一定的制度建设使全体社区成员能够各尽其能、各得其所而又和睦相处，且使社区各要素能够健康发展、充满活力而又稳定有序的居民住区。和谐社区的建设本质上就是社区的自治建设，或者说居民住区的自组织机制是建设和谐社区的精髓和重要内容。

具体而言，首先由于社区建设的主体是多元化的，是社区内的党政机关、企事业单位、团体、中介组织和广大居民的共同行为。社区自治就是这些主体通过民主选举、民主决策、民主管理、民主监督诸方式，广泛参与社区的治安管理、环境保护、医疗卫生、文化教育和体育娱乐等活动，以保障社区的和谐建设。其次，社区自治实质上是各种社区资源和社会力量的整合与优化。这种整合意味着社区政府的资源和力量、社会团体的资源和力量以及社区居民的资源和力量不仅共同参与社区建设工作，而且在一定制度或规则下可形成一种和谐与进步的合力，以促进社区的健康发展。第三，社区自治的成果由社区内的各主体共享。在共同参与和努力的过程中，各主体利益得到协调，形成了共荣共辱的紧密整体，从而可保证社区物质、精神和环境效应的最大化诉求与共同分享。[16]

山语城项目规划人口 4.5 万，住区内学校、医院、体育场所、文化站、商贸市场等各类设施比较齐全，居民的学习、生活、娱乐、交往活动多能在社区内实现，社区居民交往频率亦比较高，自然容易形成住区居民的认同感、归属感，社区内凝聚力亦会日益增强。这些均给山语城居住区实施自治建设提供了良好的平台。借鉴国内外社区建设的经验，提出以下几条社区自治建设的途径措施，希望能对山语城未来和谐社区建设有所裨益。

首先，采取多种形式调动社区居民广泛参与社区自治的积极性。社区居民是社区最重要的主体，山语城规划居住人口众多，如果能够积极培养起居民的社区意识，使其主动参与到社区各项建设中来，从而可为山语城住区的生态文明建设奠定雄厚的群众基础，未来各项工作的开展亦会事半功倍。

其次，要大力培育社区自治组织。山语城住区的自治组织主要包括：住区居民委员会、业主委员会、物业服务公司、志愿者协会和文化体育类社团。依据居民参与和自治的不同领域，社区自治应是多样化的，社区自治组织也应是多类型多层次的。同时，为了实现居民对社区建设的积极有序参与，需要对社区自治组织进行功能性整合。除了行使政府管理职能的住区居民委员会和服务于住区的物业公司各司其职外，要有重点地培育山语城的社区中介组织，即业主委员会、志愿者协会和文化体育类社团。这些组织不以营利为目的，是主动承担住区公共事务和公益事业的中介机构或民间团体，既有助于配合、监督居民委员会和物业公司做好住区的管理、服务工作，亦有利于调动居民的自治自娱积极性和协调住区的管理及服务。

第三，加强政府在社区建设、社区自治中的推动作用。社区自治，并不是否定政府在社区建设中的重要作用。国内外社区的建设经验表明，[14][15]加强政府对社区的领导，对社区建设与发展具有无法替代的作用。拟将山语城建成贵阳市首位生态文明社区，市、区政府不仅应在规划建设阶段予以优惠、有利的政策支持，亦应在居民入住后施以热诚的组织管理和示范性的政策指导。即配备工作精干、服务热诚的居委会干部和治安民警，积极解决住区存在的主要社会问题和环境障碍，乃至财力、物力和惠顾政策的有力支持，以保障山语城的健康、和谐发展和带动市域其他社区的文明建设。

8.4　防灾与安全保障建设

8.4.1　自然灾害预防

贵阳市所在区域地质结构较稳定，各种地质灾害较少发生，而近年来发生影响较大的自然危害主要是气象灾害。根据山语城项目所在地的地形和气候条件，会对住区产生影响的气象灾害主要有：山洪沟灾害、凝冻灾害和雷电灾害。

1. 山洪沟灾害

山洪沟灾害是指由于降雨在山丘区引发的洪水及由山洪诱发洪沟两岸所引起的泥石流、滑坡等，对国民经济和人们生命财产易造成较大的损害。[17]山语城身处丘陵地带，建设开挖土方可能会在住区内造成比较陡的坡地；加之贵阳市雨水较多，如遇暴雨天气则可能会诱发山洪沟灾害，易于破坏或威胁住区的社会和环境安全。因此，应采取必要措施对此加以防范和治理。

首先宜采取生物措施。在住区内的坡地上植树种草，利用植被阻滞雨水径流，以免冲刷坡地土壤和减少灾害发生的可能性。其次可以采取工程措施。即对易发生山洪沟灾害的坡地构筑人工的固定物或支撑物，或修建雨水引流装置，从而达到防治灾害的目的。最后拟需要对住区内的地形进行整治。在没必要或难以利用上述两类措施时，需要将住区内易发生灾害的坡地地形加以转变，如可以将陡坡地改为缓坡地，将坡地改为梯状地等，以从根本上杜绝灾害发生的可能性。

2. 凝冻灾害

凝冻亦称冻雨、雨凇或冰凌，是过冷雨滴或毛毛雨落到温度在冰点以下的地面上，水滴在地面和物体上迅速冻结而成的透明或半透明的冰层。凝冻多在冷强空气或寒潮到达时，由于冷暖空气交锋而产生。[18]2008年的1月下旬至2月上旬，贵阳市遭受到了一场严重的凝冻灾害，给当地的交通、电力、农业、林业、通讯、旅游和人民生活等造成了极大的损害。[19]

凝冻灾害是大范围的气象因素造成的，目前尚无法规避和消除，但可以采取适当的措施加以预防，以减少灾害损失。凝冻灾害会对住区的电力系统、道路系统以及景观植物造成不同程度的影响和损害，因此依据国家或省市的科学预报，在居委会和物业公司的积极组织、快速转告下提前采取相应措施予以防范。这需要住区的相关部门事前制定一套应急预案，在灾害降临时能够调动人力和储备物资减低灾害影响，以尽快恢复住区的正常生活秩序。

3. 雷电灾害

雷电是一种不可避免的自然灾害，一般多发生于对流发展旺盛的积雨云中。

雷击的危害主要有三个方面：一是直击雷危害，是指雷电直接击中建筑物和电气装置，产生电动力效应、热效应；二是感应雷危害，即由于雷电流陡度很大，因而形成强大的交变磁场，使周围的金属构件产生很高的感应电压，从而造成人员、电气设备和建筑物的伤害和破坏；三是雷电波侵入危害，是指雷电波沿架空线路、金属管道等侵入到建筑物内及电气装置内，造成人员伤害、电气设备绝缘击穿和引起电气火灾。据有关统计表明：直击雷的损坏仅占15％，感应雷与雷电波侵入的损坏占85％。[20]

贵阳市雷雨天气较多，雷电灾害相对比较频繁，平均每年发生雷击事件数百起，雷灾次数居全省之首。为了防御和减轻雷电灾害、保护人民生命财产安全，贵阳市政府于2001年制定颁布了《贵阳市防御雷电灾害管理办法》，并在2004年对管理办法作了修改。山语城项目在施工建设和管理运营中应严格按照管理办法的规定，完善住区建筑物和电气设施的防雷措施。

在住区居民的日常生活中，亦应做好雷灾的防范工作，避免受到雷击的伤害。在室内：电视机的室外天线在雷雨天要与电视机脱离而与接地线连接；雷雨天气应关好门窗，防止球形雷入室内造成伤害；雷暴时，人体最好离开可能传来雷电侵入波的线路和设备 1.5m 以上。在室外：要远离建筑物的避雷针及其接地引下线；要远离各种天线、电线杆、高塔、烟囱、旗杆；尽快离开铁丝网、金属晒衣绳、孤独的树木；雷雨天气尽量不要在旷野里行走。这些措施需要居委会和物业公司通过住区内的公告栏和印制物业管理手册等方式，做到家喻户晓，以助居民自觉防范和保障安全。

8.4.2　住区安全保障

住区安全保障是以住区教育体系和各类安保组织为基础，以整合、优化社区资源为依托，以完善社区安全教育阵地和网络为载体，为保障和满足住区成员的安全需求，促进住区各项事业的有序、健康发展而建立起的一种社区安全机制。住区安全保障的对象涵盖区内所有人士，不分年龄、性别和职业。其目的是要让居民不论是在工作场所、日常生活中，还是在娱乐、运动场所及在医院、学校，都能保证安全和健康，以最大限度地降低职业伤害、日常生活中的伤害甚至暴力及自杀等各种意外。[21]

影响住区安全的事件多种多样，主要包括：治安事件、交通事故、火灾、自杀、恐怖事件、天气及其二次污染、工地事故、爆炸、高空坠落、煤气泄漏中毒、物体打击、管道破裂、其他中毒、引发疾病猝死、触电、溺水、酗酒、家庭暴力、异物堵塞和其他意外伤害。虽然住区安全事件的形式种类繁多，但是就其所造成的危害而言，主要是对住区居民造成的经济损失、人身安全危害和精神、心理伤害。因此，一旦住区内发生了影响居民公众安全的事件，不仅会对居民造成各种利益损失和伤害，而且会对住区形象造成十分恶劣的影响，从而影响后期消费者的购房积极性。所以，山语城自规划和施工伊始务须十分重视住区的安全建设，积极构建起一套科学、严密的安全保障体系。

借鉴国内外社区安全管理的经验，结合本项目的自身特点，山语城住区安全保障体系的构建应从以下三个方面着手。

第一，在住区内建立一套完善的技术防范体系。这不仅要求山语城住区的规划、建筑设计需要考虑拥有较为完善的技术措施，在施工过程中加强技术和制度的安全防范，而且当居民入住后更需要建立健全相应的技术防范体系。就后者而言，由于山语城辖域宽广，区内住户较多，单纯靠人力防范的手段很难长久保持住区的安全。因此，在人力防范的基础上建立起一套覆盖全、智能化高的立体技术防范体系，不仅可给居民提供坚固的安全保障，亦有助于提高住区的安全形象和居住品质。完善的住区安全技术防范系统，应包括周界防范报警系统、电视监控系统、住户报警系统、楼宇对讲防盗门系统、保安巡更系统和出入口控制系统（含门禁及停车场管理系统）。这些硬件技术设施在规划和建筑设计时应予以充分配置，待居民入住后依据需要进行完善。

第二，建立完善的住区安全防范管理制度。提高住区安全水平的最佳途径莫过于"防患于未然"，要做到"防患于未然"就必须建立和完善住区的日常安全管理体制。现代安全管理是系统化的安全管理，即以系统安全的思想为基础，管理的核心是系统中易致事故的危险源，强调通过危险、危害因素的识别、风险评价、风险控制来达到控制事故的目的。而在居住区中，各种安全事件几乎都是人为或与人有关的因素所导致的。因此，山语城要建立"以人为本"的安全管理模式，把管理的核心集中于社区中人的身上，以纠正人的不安全行为、控制人的错误行为作为安全管理的目标。实现此目标既需要居民的自觉配合，亦需要居委会、物业公司及辖区学校、商业团体等机构协同制定相应的规章制度，并能认真履职和分工合作，以保障住区的长久安全。

第三，普及公众安全文化教育，提高住区居民的安全素养。提高整个住区的安全文化素质，需要在区内各个行业、部门和居民间广泛开展安全教育，加强日常的安全宣传，特别是住区居民的安全教育。这需要在居委会的直接领导和物业公司、业主委员会以及住区商场、学校、医院等单位的积极配合下，有针对性、有计划地开展不同层次的安全教育和培训，如基本的健康和安全常识培训（包括防火、防触电知识、紧急情况处置、食物中毒等），对弱势群体的专门培训（老年人、儿童、残疾人等），对新风险和危机出现时的紧急培训，对消防管理员、急救人员、职业健康管理人员的专门培训等。同时要加强居民的自我保护和事故应急能力的培训，明确住区内的各类危险源和安全隐患的特性及相应的应急处理措施和急救措施。通过安全教育，要让居民能应对并处置一定程度的现代灾害，提高住区成员的责任感，共同排除干扰住区安全的外来和内部因素；要让住区居民形成安全减灾的新观念，不断增强住区群体的相关能力，从而使住区的安全性能不断提高，为山语城和谐社区和生态文明的建设"保驾护航"。[22]

参考文献：

[1] 刘宗群，黎明．绿色住宅绿化环境技术［M］．北京：化学工业出版社，2007.

[2] 白德懋．居住区规划与环境设计［M］．北京：中国建筑工业出版社，1993.

[3] 陈鹭．城市居住区园林环境研究［M］．北京：中国林业出版社，2007.

[4] 阙忠东. 环境友好型社区 [M]. 北京：中国环境科学出版社，2006.

[5] 张俊玲，李大力. 遵从自然的城市滨水绿地空间设计 [J]. 东北林业大学学报，2004，32 (2)：84—85.

[6] 施明珠，黄雁. 水·空间·印象——城市滨水景观设计之浅见[J]. 广西城镇建设，2006 (11)：56—58.

[7] [日] 河川治理中心. 刘云俊译. 滨水自然景观设计理念与实践 [M]. 北京：中国建筑工业出版社，2004.

[8] 柯培雄. 壁画在环境艺术设计中的作用 [J]. 南平师专学报. 2006，25 (1)：351—353.

[9] 张民. 贵州少数民族 [M]. 贵阳：贵州民族出版社，1991.

[10] 贵州省中华文化研究会. 全球背景下的贵州民族民间文化 [M]. 贵阳：贵州人民出版社，2006.

[11] 姚时章，王江萍. 城市居住区外环境设计 [M]. 重庆：重庆大学出版社，1999.

[12] 梁俊. 景观小品设计 [M]. 北京：中国水利水电出版社，2007.

[13] 崔运武，任新民，苏强. 中国社区管理 [M]. 昆明：云南大学出版社，2002.

[14] 韦克难. 社区管理 [M]. 成都：四川人民出版社，2003.

[15] 董傅年. 社区环境建设与管理 [M]. 北京：高等教育出版社，2003.

[16] 陈泫. 社区经营与社区服务 [M]. 北京：中国社会出版社，2005.

[17] 李瑞岭，孙刚. 山洪沟灾害的预防与治理 [J]. 河南水利与南水北调，2008 (4)：24—29.

[18] 高安宁，陈见，李艳兰等. 2008 年广西罕见凝冻灾害评估及思考 [J]. 灾害学，2008，23 (12)：47—50.

[19] 吉廷艳，何玉龙，杜正静等. 凝冻灾害预警系统 [J]. 气象研究与应用，2007，128 (增刊)：140—142.

[20] 郝兵兵. 浅谈雨季施工中雷电灾害的预防 [J]. 山西焦煤科技，2008，7—8，86—88.

[21] 王湘萍. 和谐社会建设中的城市社区安全问题浅析 [J]. 社科纵横，2008，23 (7)：24—25.

[22] 于瑞华，构建安全的社区安全防范体系 [J]. 中国人民公安大学学报（自然科学版），2006 (4)：98—99.

第9章 政府和居民的
作为与对策建议

政府既是公众利益的管护者，又是生态文明住区建设的先导者。而居民既是住区生态文明的享受者，又是住区长护久荣的建设者。因此，建设生态文明型居住区不仅是开发商高瞻远瞩的奉献，亦更是当地政府和住区居民义不容辞、精心践行的职责。

9.1 政策支持和制度安排

居住区生态文明建设是一项艰巨而长期的工程，要想使山语城居住区的生态文明建设工作得以顺利有序地开展，需要得到贵阳市政府在政策制定和制度安排上的大力支持，否则居住区的生态文明建设将会遇到重重障碍，难以持续有效开展。此外，贵阳市欲打造全国第一个生态文明城市，而居住区的生态文明建设则是城市生态文明建设的基础和前提。城市生态文明建设为居住区生态文明建设提供了良好的大环境，但要使居住区的生态文明建设符合贵阳市的发展要求，除了居住区在建设和运营期间的不懈努力外，市政府在软硬环境方面的积极作为至关重要。

目前，贵阳市有关居住区建设的法律法规和政策制度存在明显不足，通常仅限于转发国家对居住区建设的相关法律法规，本地法律法规严重缺位，亦未见有利于生态文明居住建设的相关政策和制度出台。譬如，在法律法规方面，2007 年 12 月 28 日，贵阳市政府转发了国务院颁布的《中华人民共和国节约能源法》，其中第四章对建筑节能做出了指导性的规定；2008 年 8 月 7 日，贵阳市政府转发了国务院第 530 号令——《民用建筑节能条例》，该条例共六章四十五条，对民用建筑的节能规范作了较为详细和具体的规定。显然，贵阳市对于居住区建设的相关法律法规仅涉及建筑节能领域，且以转发的形式出现，并没有针对本地自然条件和气候特征的具体规定和条例出台；迄今为止，在建筑节地、节水、节材和环保等方面亦均未见相关的法律规定。由于法律法规的不足和政策制度的严重缺位，使得贵阳市在建设生态文明居住区领域面临着巨大的挑战。有鉴于此，建议贵阳市政府拟采取如下措施以促进居住区生态文明之建设。

（1）亟待将各新建和现有居住区的生态文明建设纳入到贵阳市生态文明城市建设之中，通过进一步协调贵阳市各区域经济、社会与环境的发展，合理各居住区的空间格局，科学地制定城市交通规划和其他市政规划，以便为贵阳市居住区生态文明建设提供良好的外部条件和配套设施。

（2）尽快开展贵阳市现有住宅建筑的调查统计工作，充分了解现有住宅建筑的能源消耗、水资源消耗现状，客观评价现有居住区的节地水平和节材状况。在此基础之上，参考国家的相关法律法规，尽快制定适合贵阳市当地自然条件、气候特征和经济社会发展需求的生态文明居住区在节能、节地、节水、节材和环保等领域一系列标准，从而为贵阳市新建住宅和旧社区改造提供相应的生态文明建设准则和法规依据。

（3）在政策和制度建设方面，应当制定相关的激励政策和完善管理体制，以促进居住区生态文明建设的顺利开展。在节能方面，市政府可以采取市场准入制限制高能耗灯具和其他家电的销售，而对于太阳能灯具及其洗浴商品则可适当减免其销售税，以促进节电和扩大可再生能源的使用。

在节地方面，积极实施国家"两限房"和严格控制别墅建设的政策。此外，结合贵阳市不同区域的地理地形和居民消费特点，对新建和旧社区改造制定适宜的容积率控制标准，采用"级差地租"措施对高于容积率控制标准的新建住区予以地价政策性优惠，以促进节地型居住区的发展。

在节水方面，可以出台相关政策对中水回用系统的建设进行适当财政补贴，并通过阶梯式水价体系改革促进水资源的减量使用和循环利用。

在节材方面，则可制定相关的节材技术标准和建立健全节材管理制度及节材监督体系，以促进居住区建筑材料的节约和循环利用。此外，可以采用减税方面的政策措施，鼓励开发商积极使用当地的建筑材料和"3R"材料及环保型材料，尽快推行全部新宅"一次性装修"，以实现节材、节资和环保。

（4）加强高消耗、高污染工业的审批控制，对于具有潜在污染的企业要严格环境影响评价和审批制度。在其环境影响评价过程中要充分考虑临近居民意愿，积极开展公众参与，把公众意愿作为决定企业上马的重要因素之一，实行环境保护一票否决制，以便为居住区的生态文明建设奠定良好的环境基础。

9.2 山语城生态文明建设的政府支持

拟将山语城打造成为全市首个生态文明示范区，进而带动其他住宅区的健康发展，需要得到贵阳市政府的强力支持。除上一节中所提及的四个方面之外，就山语城及其周边的微环境而言，贵阳市政府还应从环境治理、道路交通、市政建设等方面积极创造条件和给予其有力支持。

1. 环境治理

在大气污染控制方面，由于大气污染物自身的扩散性质，使得山语城居住区的空气质量好坏不仅仅取决于自身污染排放，整个贵阳市的污染状况尤其是位于山语城居住区上风向的污染源将对居住区的空气质量状况产生重大影响。因此，建议贵阳市政府按照其十一五规划的要求，坚持开发节约并重、节约优先，按照减量化、再利用、资源化的原则，在资源开采、生产消耗、废物产生、消费等环节，逐步建立全社会的资源循环利用体系；坚持预防为主、综合治理，强化从源头防治污染，坚决改变先污染后治理、边治理边污染的状况，以尽快改善全市的环境质量。另则，紧邻山语城东侧的电厂和东侧、北侧城市主干道的交通污染亦势必影响住区的大气环境，需要市政府环保部门予以监控和有效治理。

在水污染控制方面，为了保证小车河水质达标，贵阳市政府应当加强对小车河上游地区企业污水排放的综合整治和监督管理。对于不符合达标排放要求的企业须采取限期整改制度，对于整改后仍无法达标的企业应当进行关闭或者搬迁，以减轻对小车河水环境质量造成的压力。此外，要加强对企业排污的监督和管理，以保证企业在其运营过程中能够长期达标排放，避免由于监管力度不足导致偷排、漏排现象的时有发生。对于新建企业，应严格执行国家和地区的相关规定，认真地做好环境影响评价工作，实行严格的环境保护一票否决制，以杜绝新建企业可能对小车河水质造成的不利影响。

2. 道路交通

在综合考虑居民出行便捷和噪声、空气污染影响的基础上，建议市政交管部门对山语城周边地区进行合理的交通布局设计和车流流量设计。道路交通设计既要保证山语城居民出行的便捷性，以增进山语城居住区与其他区域的物质、人文交流，又要尽量降低道路交通对于山语城居民生活尤其是夜间休息的不良影响。

公交线路的设计应当在符合贵阳市总体交通规划的前提下，尽力保证山语城居民能够方便地抵达市各主要区域，且在山语城居民出入处布设公交站点，以利出行便捷。此外，由于与市区连接的主干道车水路位于山语城居住区的东面，紧邻小车河，交通污染源极易对山语城造成噪声、空气和水污染。因此，在现有车水路的适度拓宽建设中，应保有较宽的绿化隔离带，培植密度较大的吸尘、降噪灌木和花卉，以美化河滨环境和减少道路交通对山语城居住区造成的不利影响；且在交通道路两侧设置排水沟，以阻止交通道路污水在雨季直接冲入小车河造成河水水质污染。另则，有关铁路穿行住区引发间断性强力噪声影响问题，应由市政府积极协助住区上报铁路部门适宜的解决方案，如建隔声屏障和调整夜行时间等，以便最大限度地降低其噪声危害。

3. 市政建设

山语城是拥有 4.5 万人口的大型居住区，每天均会有大量的生活污水和生活垃圾产生。这些生活污水和生活垃圾除一部分可以通过居住区内部的循环回用系统加以再生利用之外，而其余废水、最终废水和废物需要通过市政污水管网和垃圾收运车收集后统一交由市政污水处理厂及垃圾处理站集中处理。贵阳市政府应考虑到山语城居住区在建成后可能导致的市政污水和固体废物的增加量，对山语城居住区周边的污水处理厂和垃圾处理站的增建、扩建应做出科学合理的规划，并加强与之相应的市政管网改造和建设以及垃圾收运车的调配与管理，以保证山语城居住区内部产生的废水和固体废物能够得到高效的转运处理。

紧邻山语城的南郊公园现具有一定的休闲、观赏基础，为了满足山语城超大规模住区居民的生活需要，市政府现应着手于南郊公园的扩建和完善性规划，并须安排财政资金逐步付诸实施。

4. 居住区管理

山语城住区既因居住人口众多成为贵阳市首位大型社区，又因率先建设生态文明住区而欲成为贵阳市示范性的首善社区，因而既需要加强住区未来科

学、民主的管理，又要促其在节能、节水、环保、文教卫事业发展及和谐社区
建设等方面起到积极的示范作用。为此，除了住区自身机构和居民的努力外，
市政府应在派出机构——居委会、派出所等从组织、人员配备方面予以特别加
强和物质上的有力支持；在医院、学校和文化事业的发展上，需要在经营、管
理体制乃至财税等方面积极支持开发商引进外部医疗、办学机构和文化团体合
作，以显著提升住区的医疗服务、教育质量和繁荣其文化事业；在节能、节
水、环保及和谐社区建设等方面，积极宣传、支持住区的改革，或将贵阳市欲
待革新的方案安排在山语城实施，从中总结经验教训，然后推广于全市其他社
区，以推动全市社区的生态文明建设。

5. 政策支持

承建山语城居住区的开发商系财力、人力、物力、科技力量均雄厚和社会
影响力甚大的中铁集团，贵阳市政府不仅借其诸力可推动当地房地产业的大力
发展，亦可借此引进更多外部优势元素和资金等带动贵阳市经济、社会的茁壮
发展。中铁集团欲将山语城建成贵阳市首位生态文明住区，从建设理念、操作
方式、财税贡献等方面为贵阳生态文明城市的建设已经或将提供更多更大的有
力支持。因此，贵阳市政府在今后住宅区建设的土地审批、市政工程配套乃至
经营宣传等方面应给予中铁集团以政策倾斜和强力支持，以借用这支外力和引
发更多的外力促进贵阳市经济、社会和环境健康而快捷的发展。

9.3　居民作为与对策建议

9.3.1　倡导绿色节约的消费文化

消费不仅具有社会和经济功能，亦具有潜在的生态和环境影响。随着人民
生活水平的逐步提高，生活废水和废物在全社会总废水和废物中的比重会不断
上升。大力倡导适度消费、绿色消费、可持续消费的理念和模式，则有助于提
高居民的生态意识、环保意识和相应的社会责任感，这既是山语城居住区精神
文明建设的重要组成部分，亦将对山语城创建全市首个生态文明居住区起到巨
大的推动作用。

1. 大力宣传教育，倡导绿色消费观念

通过宣传教育、舆论监督，逐步改革陈规陋习，树立社会新风，反对奢侈浪费、大操大办，克服消费的浮华和排场习气，建树节约资源、尊重自然和环保自律的良好风尚。对此，需要市政府借助各种类型的教育形式，宣传普及生态伦理和适度消费观念，通过各种媒体、方法对适度消费和环境友好型消费的倡导者和践行者予以表彰，对无端高消费以及对环境具有负面影响的消费方式予以批评曝光，以此形成强大的舆论监督力量，普及科学、健康和生态文明的生活方式；亦需要山语城住区借助内部的宣传栏、垃圾提示牌、闭路电视和网络等媒介，推介节能、节水、节材、废物利用和环保的新技术产品及使用常识，宣传生态文明和可持续发展的绿色消费理念及生活方式，以促进住区居民树立高尚、自律的时代新风。

2. 采取适宜措施，引导绿色消费方式

为了引导绿色消费方式和营造生态、健康的生活环境，山语城居住区在现有公建规划的基础上，可适度扩大或增设社区图书馆、健身馆、科技馆的建设；充分利用西面的山体和悬崖，构建保护与观赏兼顾的园林休闲和攀崖活动场所；通过举办科普教育、文艺欣赏、卫生保健、幼儿培育、茶艺插花等知识讲座，大力提升居民的文化素养和发展养生、健身等有利于身心健康的生活消费式。另则，建议市政府采取公交票价优惠措施，积极引导住区居民乘公交车出行；支持住区开发商或汽车运营公司发展小车租赁业务，既可满足居民自驾外出旅游或短期用车方便，亦可提高车辆的使用效益和避免住区停车场建造上的空间不足、成本较大及环境污染等问题。借此，使住区居民的消费模式从物质享受、非合理消费逐步转向精神娱乐满足和高效生活的全面绿色转型。

3. 倡导生态型消费行为，推广使用环保产品

通过各种形式的宣传教育和协助措施，使住区居民能够稔知其日常生活行为可能对生态和环境造成的影响，提高其在日常生活中的生态和环保意识，使之养成正确的生态消费行为和习惯。具体而言，在内容和措施上包括以下几个方面：

（1）提倡使用节能、环保技术和产品。为此，开发商或住区居委会可通过联系经销商或生产厂家，引导居民购买具有节能、环保效果的用电设备和产品。

（2）提倡节约用水和水资源的二次利用。这既需要加强多种形式的宣传教育，又需要在开发商或住区居委会等的协助下，积极引导居民购买节水器具；抑或通过市政府的用水价格调整，迫使居民增强主动节水意识和改进用水习俗。

（3）提倡使用公共交通、自行车和徒步等绿色出行方式，减少自驾汽车的出行和倡导购买小排量的汽车，以节约化石能源、减少废气排放和噪声污染。这既取决于国家有关政策的调整和社会进步促使下的居民素养提升，又亟待贵阳市政府能着力改善公共交通和加大节能、环保宣传，以促使居民形成生态型消费行为。

（4）提倡购买通过生态、环保标准认证的商品，反对购买过度包装的商品，抵制购买和使用对环境有害的商品及危险品，以增强居民的身体健康和促进环保产业的发展。为此，除了宣传教育措施外，市政府应加强市场产品的准入和监督。

（5）提倡健康、文明的娱乐方式，注重娱乐场所的环保设计和噪声管理。

（6）提倡日常生活垃圾分类投放，通过宣传教育使居民养成科学、环保的生活习惯。

9.3.2 建设居住区生态文化

实现居住区的生态文明，既需要物质、环境和精神文明的具体实践措施作支撑，亦需要建树良好的生态文化理念、形成浓郁的生态文化氛围，以保障具体实践措施的顺利实施。生态文化既包括正确处理人与自然间的相依关系，又需要和谐人与人间的社会关系，进而形成相应的潜在意识、认知理念和自律行为。即以生态文化促进山语城住区生态文明建设的健康发展。其具体措施建议如下：

（1）加强宣传、教育和引导，促进居民建树良好的生态文化认知和意识。为此，需要开发商从山语城建设初期始，借助当地的报纸、电视、网络和广告，以及举办讲座和购房洽谈会等形式，宣传山语城住区生态文明建设的内涵、意义和规划、建筑方案及其他具体措施，使居民产生良好的生态意识和购房欲望。当居民逐步入住后，住区的管理、服务机构仍需运用多种传媒和教育方式，促使居民建树日益浓厚的人与自然、人与人和谐共生的生态环境保护意识和可持续发展理念，以推动住区生态文明的健康发展。

（2）以居住区生态文化为指导，倡导文明向上的现代新型生活方式——资源节约、环境友好、消费适度、行为自觉与系统和谐。这需要居民在居室装

修、家电购买和使用、洗浴、冲厕、生活垃圾分类投放、住区环境保护及不可
再生资源产品消费等方面，自觉节能、节水、节电、节材和维护室内外环境的
清新、优美，以和谐人与自然间的共生。

（3）注重居住区公众参与。在居住区生态文明建设和重大事宜决策选择的
过程中，住区管理、服务机构和开发商应积极组织居民参与和共谋，如参与植
树节义务植树活动、世界环境日的义务环保活动和住区的安保、后期建设方案
的调整等事务，使居住区的生态文明建设贴近居民的生活，且不断增强居民的
主人翁意识和自觉奉献的责任感。

（4）以居住区生态文化为指导，倡导和谐、公平、友善的邻里关系。住区
的管理、服务机构可利用居住区内各种文化人才、文化机构和文化设施，开展
经常性的文化教育活动，把家庭文化、广场文化和居住区文化建设紧密结合起
来；加强对居住区文化市场和文化场所的管理，破除各种陈规陋习和封建迷
信，弘扬中华民族优良传统美德，形成尊老爱幼、助人为乐、见义勇为、团结
友爱、互帮互助、互敬互让的良好社会风尚和邻里关系；组建居住区志愿者服
务队、文化服务中心和业余文化体育团体，结合居住区服务的社会化和市场
化，为居民提供文明、健康和满意的生活和文化服务，以促进居住区邻里关系
的和谐融洽。此外，对于孤、寡、残、烈军属、失业人员、特困人员和两劳人
员等居住区弱势群体，要建立社会救助和社会帮教体系，工作具体落实到人，
以推动居住区社会福利事业和人际关系的良性发展。

9.3.3 建立居住区环境保障体系

居住区环境质量达标是其生态文明建设的基本要求，除了技术和舆论等措
施之外，建立有效的环境保障体系还应当包括环境监督体系和环境资金体系。
环境监督体系能够有效地促使居民采取有利于环境保护的行为，而环境资金体
系则能够为居住区的环境管理和监督、治理等日常工作筹集资金，提供保障。

1. 环境监督体系

山语城是拥有 4.5 万居民的大型社区，居民的环境保护意识和生态文化理念
客观上存在较大的差异，因而构建完整的居住区环境监督体系在其生态文明建设
的初期具有重要的意义。居住区的环境监督体系是转变居民的生活习惯和行为方
式、维持和改善居住区环境质量的重要保障。为此，建议山语城居住区在居委

会、物业公司和业主委员会的协商下，组建以环境监督委员会为核心、以环境投诉与举报中心为常设机构、以居民相互监督为网络的完善的环境监督体系。

环境监督委员会是居住区环境质量的最终负责机构，其职责是对居住区内的建设和改造项目进行环境审核和验收，对居住区周边的环境质量变化进行日常监督，对居住区内居民间的重大环境纠纷进行调解，并协助居住区环境宣传和教育组织做好居住区的环境和生态教育工作，以提升居民的环境和生态保护意识。环境监督委员会成员应实行任期制，并通过全体居民投票选举产生。

环境投诉与举报中心则是居住区内部的环境监督和管理的日常执行机构。其职责是向居住区提供环境保护举报热线服务，对居住区内的日常生产和生活中的环境纠纷进行即时调解和处理，对难以即时处理的环境纠纷，有权停止可能造成环境影响的行为，并及时提交环境监督委员会讨论并处理。

居民相互监督网络是居住区环境监督和管理的基础，亦是居住区环境监督体系得以有效运行的重要条件。居民相互监督网络的构建必须与环境宣传和教育有机地结合起来，旨在提升居民的环境和生态保护知识素养及公德水平，促使居民自觉地维护住区的生态环境和保障自身的生活质量。

2. 环境资金体系

居住区的环境建设离不开资金的支撑，无论是环境监管体系的运行、环境纠纷的调解，还是环境质量的监测都需要具备一定的资金基础。为保证山语城居住区环境监管体系的有效运行和环境质量的持续达标，构建科学合理的环境资金体系是必要保障和前提。为此，建议山语城居住区构建以环境治理基金为核心的环境资金体系，成立居住区内部的环境治理基金委员会，其成员应实行任期制，并通过全体居民投票选举产生。

环境治理基金可以通过定期从居住区的物业管理费中按适当比例提取，对于居住区内环境和生态破坏行为的罚款所得也可以纳入到环境治理基金之中。环境治理基金委员会则负责对环境治理基金的使用情况进行必要的审核和管理，实行透明化的资金管理和公开化居民监督，使环境治理基金真正用在实处。此外，环境治理基金委员会应当与环境监督委员会在机构上和人员安排上保持相对独立。环境监督委员会有权利也有义务加强对环境治理基金委员会的监督，对治理基金的使用情况进行细致的审核，对环境基金委员会中的贪污和腐败行为实行严厉的惩罚，以保障住区环境质量的不断改善和提升。